2017年中国小麦质量报告

◎ 王步军 主编

中国农业科学技术出版社

图书在版编目（CIP）数据

2017年中国小麦质量报告 / 王步军主编 . —北京 ：中国农业科学技术出版社，2018.3
ISBN 978-7-5116-3532-7

Ⅰ. ① 2… Ⅱ. ①王… Ⅲ. ①小麦—品种—研究报告—中国—2017 ②小麦—质量—研究报告—中国— 2017 Ⅳ. ① S512.1

中国版本图书馆 CIP 数据核字（2018）第 039597 号

责任编辑　张孝安　崔改泵
责任校对　马广洋

出 版 者　中国农业科学技术出版社
　　　　　北京市中关村南大街 12 号　邮编：100081
电　　话　（010）82109708（编辑室）（010）82109704（发行部）
　　　　　（010）82109703（读者服务部）
传　　真　（010）82106650
网　　址　http://www.castp.cn
经 销 者　各地新华书店
印 刷 者　北京富泰印刷有限责任公司
开　　本　898mm × 1 194 mm　1 /16
印　　张　6.5
字　　数　150 千字
版　　次　2018 年 3 月第 1 版　2018 年 3 月第 1 次印刷
定　　价　68.00 元

《2017年中国小麦质量报告》

编辑委员会

前言

PREFACE

《2017 年中国小麦质量报告》由农业部种植业管理司组织专家编写，中央财政项目等资金支持。农业部谷物品质监督检验测试中心、农业部谷物及制品质量监督检验测试中心（哈尔滨）、农业部谷物品质监督检验测试中心（泰安）和农业部农产品及制品质量监督检验测试中心（郑州）承担样品收集、质量检测、实验室鉴评和数据分析。

2017 年，在河北省、山西省、内蒙古自治区、黑龙江省、江苏省、安徽省、山东省、河南省、湖北省、四川省、陕西省、甘肃省、宁夏回族自治区和新疆维吾尔自治区 14 个省和自治区（全书正文均用简称）向 415 位种植大户征集样品 643 份，涵盖小麦种植面积 36.22 万亩*，占中国小麦种植面积的 0.1%。其中，强筋小麦样品 133 份，品种 35 个；中强筋小麦样品 114 份，品种 42 个；中筋小麦样品 396 份，品种 181 个。检测的质量指标包括硬度指数、容重、水分、粗蛋白含量和降落数值等 5 项籽粒质量指标，出粉率、沉淀指数、灰分、湿面筋含量、面筋指数等 5 项面粉质量指标，吸水量、形成时间、稳定时间、拉伸面积、延伸性和最大阻力等 6 项面团特性指标，面包体积、面包评分、面条评分等 3 项产品烘焙或蒸煮质量指标。

《2017 年中国小麦质量报告》根据品种品质分类，按强筋小麦、中强筋小麦和中筋小麦编辑质量数据，每份样品给出样品编号、品种名称、达标情况、样品信息和品质数据信息。

《2017 年中国小麦质量报告》科学、客观、公正地介绍和评价了 2016—2017 年度中国主要小麦品种及其产品质量状况，为从事小麦科研、技术推广、生产管理、收贮和面粉、食品加工等产业环节提供小麦质量信息。通过种粮大户抽样送样，本质量报告中增加了样品来源信息，实现种粮大户和用麦企业有效对接。对农业生产部门科学推荐和农民正确选用优质小麦品种，收购和加工企业选购优质专用小麦原料，市场购销环节实行优质优价政策，都具有十分重要的意义。

由于受样品特征、数量等因素限制，在《2017 年中国小麦质量报告》中可能存在不妥之处，敬请读者批评指正。

农业部种植业管理司

2017年12月

---

* 1 亩≈667m^2，15 亩=1hm^2，全书同

关于《2017年中国小麦质量报告》改版的说明

为了全面掌握中国小麦品质状况，指导农民选择优质高产品种，提高小麦单产和产品品质，2006 年以来，农业部种植业管理司组织农业部谷物品质监督检验测试中心、农业部谷物及制品质量监督检验测试中心（哈尔滨）和农业部谷物品质监督检验测试中心（泰安），在全国范围内开展小麦样品收集、质量检测、实验室鉴评和数据分析工作，在此基础上，由农业部谷物品质监督检验测试中心按专家委员会方案负责编写中国小麦质量报告并正式出版发行。

2006—2016 年中国小麦质量报告框架结构主要是根据《中国小麦品质区划方案》，按华北北部强筋麦区，黄淮海北部强筋、中筋麦区，黄淮海南部中筋麦区，长江中下游中筋、弱筋麦区，四川盆地中筋弱筋麦区，云贵高原麦区，东北强筋春麦区、北部中筋春麦区，西北强筋中筋春麦区和青藏高原春麦区等分区编辑质量数据，同一品种在同一品质区划内给出小麦质量指标平均值、变幅和取样地点（县、区、市、旗）。

2017 年，农业部谷物品质监督检验测试中心对抽样方法进行了改进，小麦样品来源于种粮大户，进一步明确了样品种植信息，同时为提高《2017 年中国小麦质量报告》的实用性，方便读者获得所需信息，新版本根据品种和品质进行了分类，按强筋小麦、中强筋小麦、中筋小麦和弱筋小麦为结构框架编辑质量数据，每份样品给出样品编号、品种名称、达标情况、样品信息和品质数据信息。新版《2017 年中国小麦质量报告》结构更加简明、实用性强，与旧版本相比，新版本按照品种和品质分类编辑小麦质量数据，符合用麦企业对不同品质类型小麦的需求，能够满足使用者快速查找的需要，提高了实用性；用麦企业可以根据种粮大户种植信息和小麦品质信息，从种粮大户手中购买相应品质类型小麦，或者根据大户生产情况，扩大订单生产范围，实现种粮大户、用麦企业和质检单位三者有效对接。新版《2017 年中国小麦质量报告》更有利于促进种粮大户选用优质小麦品种进行标准化科学种植，推进小麦种植结构调整，起到优化品种和品质结构、增加优质农产品供给的作用。

《2017 年中国小麦质量报告》根据生产和市场需要，将进一步作相应调整和不断完善，以提高其实用价值。

由于时间仓促及资料汇总尚待深入和全面，本报告中不足和不妥之处，敬请读者批评指正。

农业部谷物品质监督检验测试中心

2017年12月

相关业务联系单位

农业部种植业管理司粮油处
北京市朝阳区农展馆南里 11 号
邮政编码：100125
电话：010-59192898，传真：010-59192865
E-mail: nyslyc@agri.gov.cn

农业部谷物品质监督检验测试中心
北京市海淀区中关村南大街 12 号
邮政编码：100081
电话：010-82105798，传真：010-82108742
E-mail: guwuzhongxin@caas.cn

农业部谷物及制品质量监督检验测试中心（哈尔滨）
黑龙江省哈尔滨市南岗区学府路 368 号
邮政编码：150086
电话：0451-86665716，传真：0451-86664921
E-mail: wanglekai@vip.163.com

农业部谷物品质监督检验测试中心（泰安）
山东省泰安市岱宗大街 61 号
邮政编码：271018
电话：0538-8248196-1，传真：0538-8248196-1
E-mail: sdau-gwzj@126.com

农业部农产品质量监督检验测试中心（郑州）
河南省郑州市金水区花园路 116 号
邮政编码：450002
电话：010-65732532，传真：0371-65738394
E-mail: hnzbs@sina.cn

目录

CONTENTS

1　总体状况

1.1　样品分布

2017年，从中国14个省（自治区区）415位种植大户征集样品643份，涵盖小麦种植面积36.22万亩，占中国小麦种植面积的0.1%。其中，强筋小麦样品133份，品种35个，来自66个县（区、市、旗）的108个种植大户，种植面积为10.16万亩；中强筋小麦样品114份，品种42个，来自65个县（区、市、旗）的100个种植大户，种植面积为7.70万亩；中筋小麦样品396份，品种181个，来自175个县（区、市、旗）的294个种植大户，种植面积为18.47万亩（图1-1）。

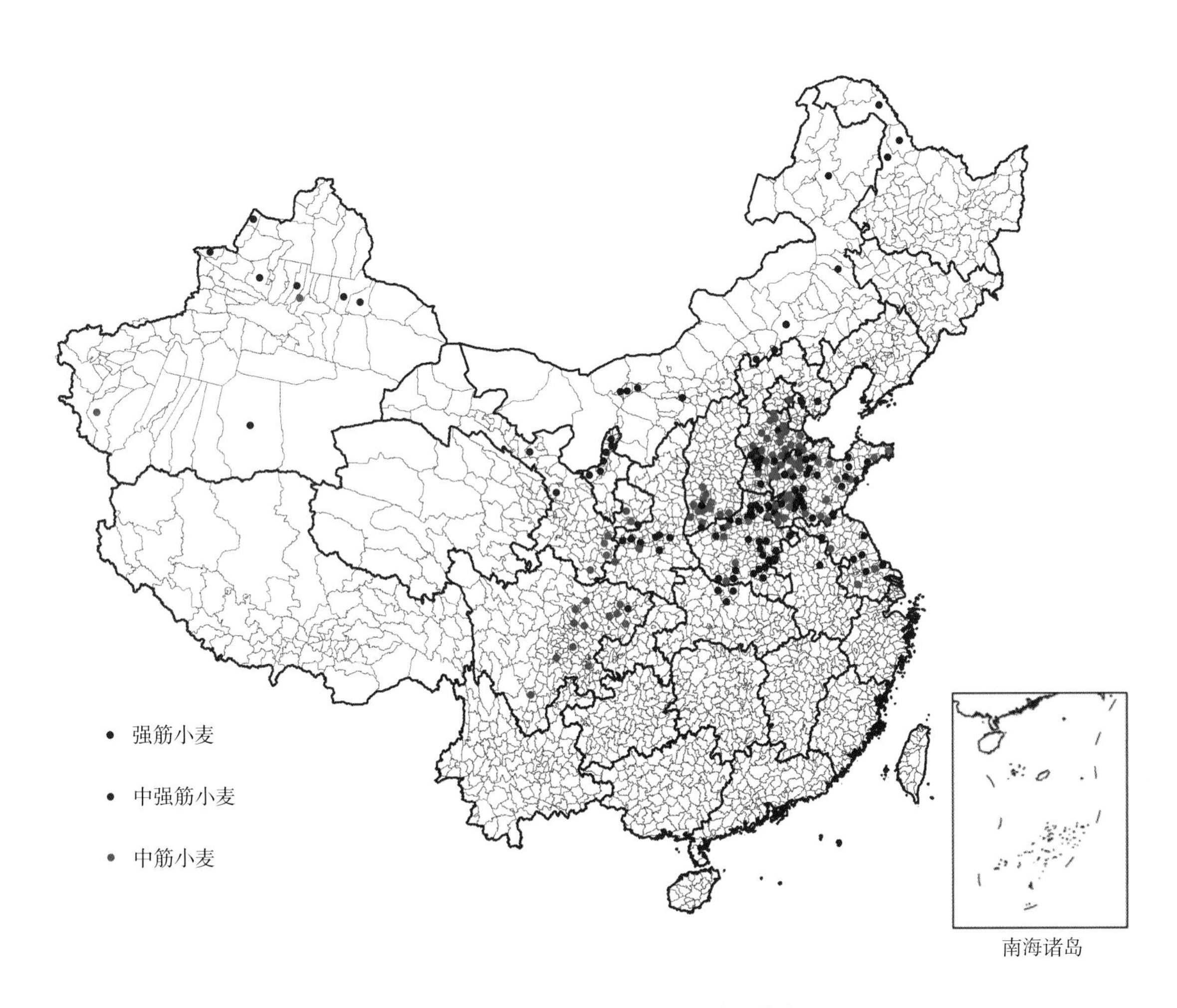

图1-1　全国小麦抽样县（区、市、旗）

中国达标小麦情况说明。达到GB/T 17982优质强筋小麦标准（G）的样品24份，品种16个，来自17个县（区、市）的21个种植大户，种植面积为3.32万亩；达到郑州商品交易所强筋小麦交割标准（Z）的样品72份，品种37个，来自44个县（区、市）的63个种植大户，种植面积为5.22万亩；达到中强筋小麦标准（MS）的样品67份，品种47个，来自47个县（区、市、旗）的60个种植大户，种植面积为5.04万亩；达到中筋小麦标准（MG）的样品198份，品种96个，来自120个县（区、市、旗）的160个种植大户，种植面积为8.67万亩（图1–2和图1–3）。

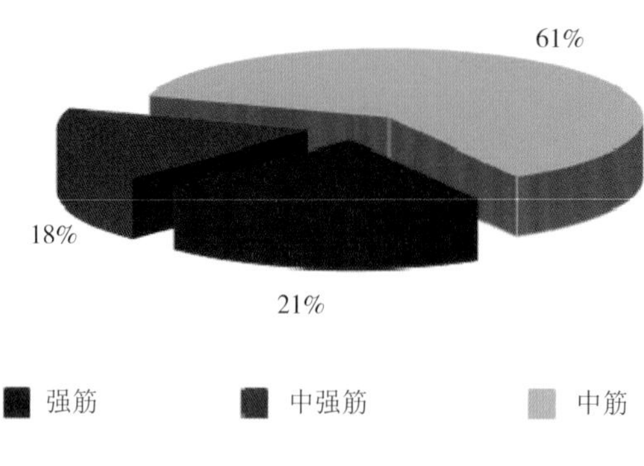

图1–2　各品质类型样品比例

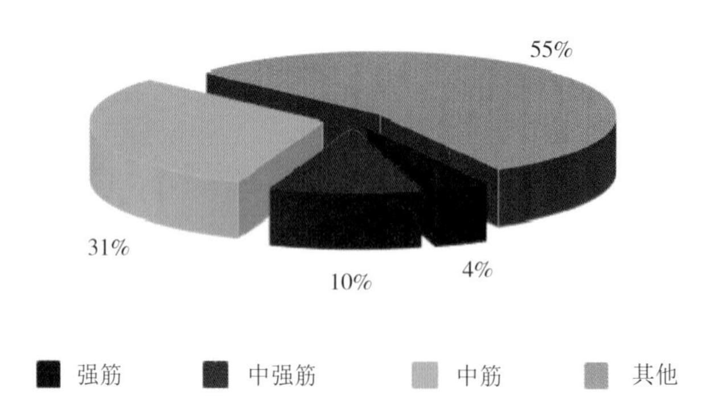

图1–3　各品质类型样品达标比例

1.2 总体质量

中国小麦总体质量分析，如表 1–1 所示。

表 1–1 总体质量分析

品种类型 样品数量	强筋小麦 133	中强筋小麦 114	中筋小麦 396	总平均
籽粒				
硬度指数	67	63	63	64
容重(g/L)	804	810	803	804
水分(%)	10.6	10.1	10.5	10.4
粗蛋白(%,干基)	14.7	14.0	13.8	14.0
降落数值(s)	352	354	353	353
面粉				
出粉率(%)	67.5	67.6	67.0	67.0
沉淀指数(ml)	31.0	30.4	30.9	31.5
灰分(%,干基)	0.53	0.49	0.53	0.52
湿面筋(%,14%湿基)	38.0	34.1	28.6	30.8
面筋指数	90	80	64	71
面团				
吸水量(ml/100g)	60.3	58.8	59.1	59.3
形成时间(min)	7.8	5.6	3.1	4.5
稳定时间ww(min)	14.6	8.9	4.1	7.1
拉伸面积135（min）(cm^2)	128	92		111
延伸性(mm)	161	150		156
最大拉伸阻力(E.U)	641	467		558
烘焙评价				
面包体积(ml)	846	793		826
面包评分	84	75		81
蒸煮评价				
面条评分	84	84	83	83

1.3 达标质量

中国小麦达标质量分析，如表 1-2 所示。

表 1-2 达标质量分析

质量标准	GB/T 17892 强筋标准（G）		郑州商品交易所强麦交割标准（Z）			年报标准	
达标等级	一等（G1）	二等（G2）	一等（Z1）	二等（Z2）	三等（Z3）	中强筋（MS）	中筋（MG）
籽粒							
硬度指数	63	65	66	67	66	65	65
容重(g/L)	817	813	809	806	811	807	808
水分(%)	10.0	10.4	10.4	10.3	10.1	10.3	10.5
粗蛋白(%,干基)	17.7	15.7	15.8	15.1	14.9	14.5	14.1
降落数值(s)	366	390	392	371	385	384	372
面粉							
出粉率(%)	67.0	67.0	67.0	67.6	69.3	67.6	67.7
沉淀指数(ml)	47.1	38.1	40.1	38.8	36.7	34.4	29.5
灰分(%,干基)	0.73	0.62	0.57	0.54	0.54	0.50	0.52
湿面筋(%,14%湿基)	39.3	33.4	32.9	32.6	33.0	32.3	31.7
面筋指数	83	90	93	88	84	75	65
面团							
吸水量(ml/100g)	59.9	59.3	59.2	61.4	59.9	59.4	60
形成时间(min)	17.8	13.7	19.4	7.4	5.9	5.7	3.3
稳定时间(min)	25.0	25.6	30.0	15.0	11.3	10.1	3.9
拉伸面积135（min）(cm^2)	150	146	159	126	110	98	
延伸性(mm)	184	165	166	164	164	157	
最大拉伸阻力(E.U)	634	720	766	601	527	480	
烘焙评价							
面包体积(ml)	895	891	885	839	811	818	
面包评分	89.1	88.5	88.1	83.4	80.4	77.3	
蒸煮评价							
面条评分			85.3	85.1	84.3	84.5	82.8

1.4 强筋小麦、中强筋小麦和中筋小麦典型粉质分析与拉伸分析

中国强筋小麦、中强筋小麦和中筋小麦典型粉质图与拉伸图，如图 1-4-1、图 1-4-2 和图 1-4-3 所示。

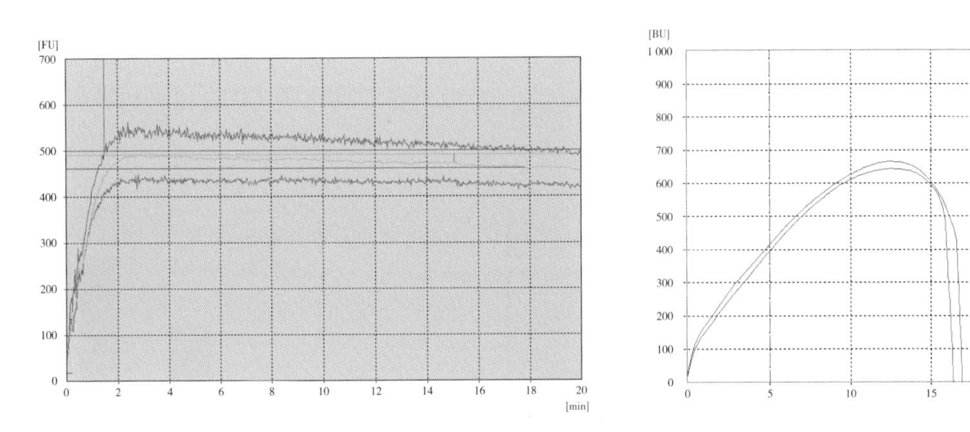

图 1-4-1 强筋小麦典型粉质图（左）与拉伸图（右）

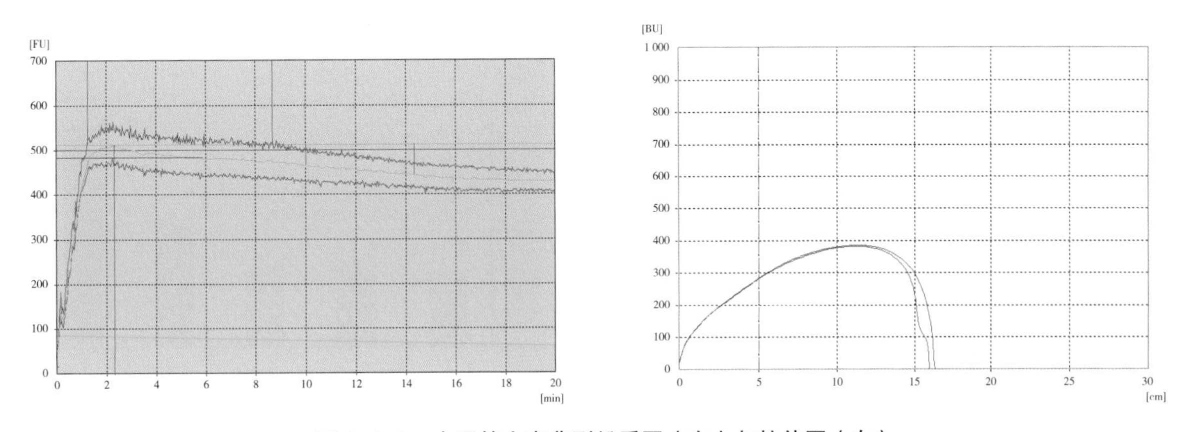

图 1-4-2 中强筋小麦典型粉质图（左）与拉伸图（右）

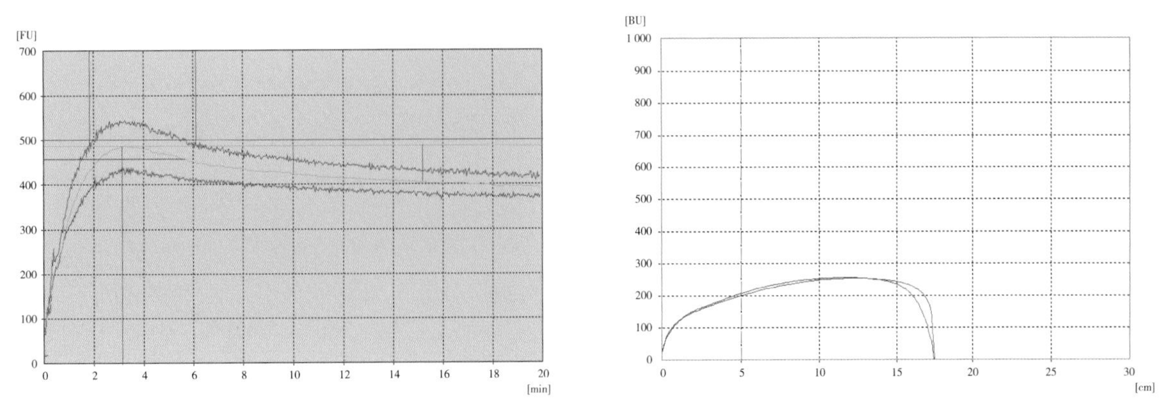

图 1-4-3 中筋小麦典型粉质图（左）与拉伸图（右）

2 强筋小麦

2.1 品质综合指标

中强筋小麦中，达到GB/T 17982优质强筋小麦标准（G）的样品22份，达到郑州商品交易所强筋小麦交割标准（Z）的样品28份（图2-1）；达到中强筋小麦标准（MS）的样品17份；达到中筋小麦标准（MG）的样品6份；未达标（—）样品69份。达标小麦样品比例（图2-2）和强筋小麦抽样县（区、市、旗），如图2-3所示。

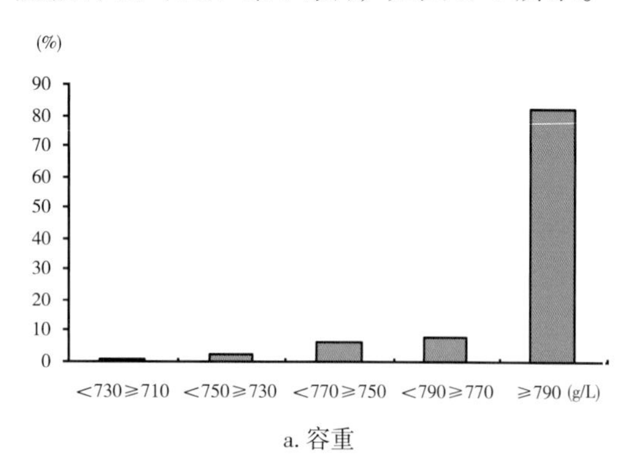

a. 容重

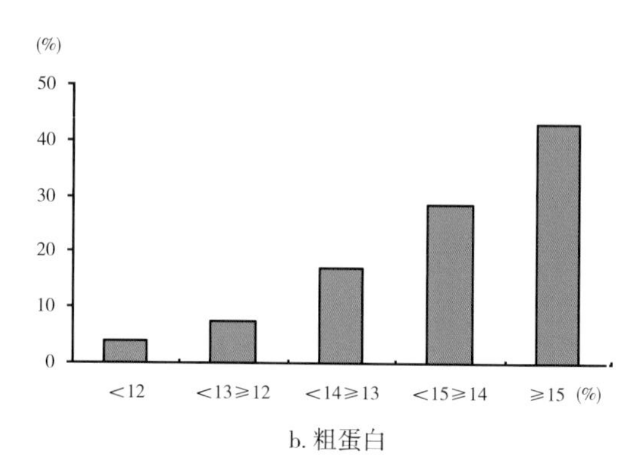

b. 粗蛋白

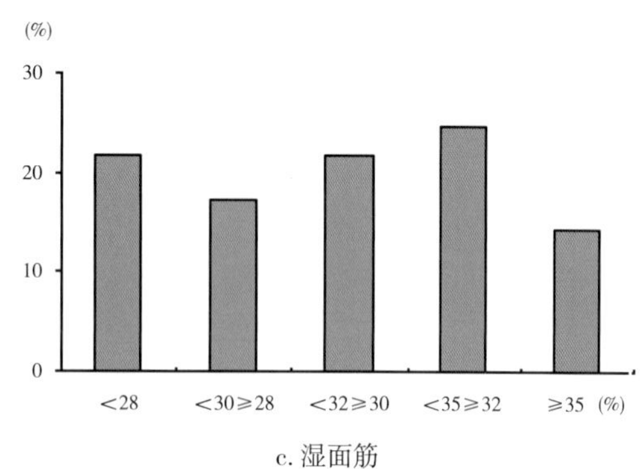

c. 湿面筋

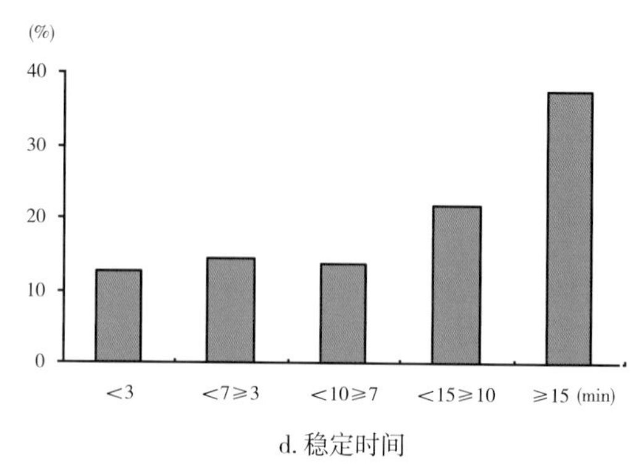

d. 稳定时间

图2-1 强筋小麦主要品质指标特征

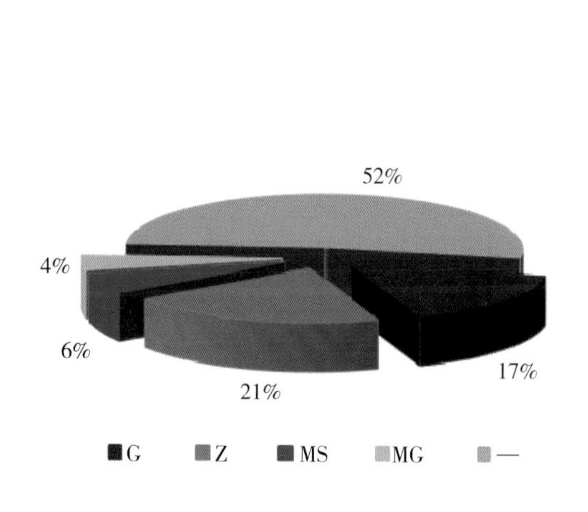

图2-2 达标小麦样品比例

图2-3 强筋小麦抽样县（区、市、旗）

2.2 样本质量

中国强筋小麦样品质量分析统计，如下表所示。

表　样品质量分析统计

样品编号	170238	170242	170346	170050	170110	170118	170125	170174
品种名称	泛麦 8 号	泛麦 8 号	泛麦 8 号	丰川 9 号	藁优 2018	藁优 2018	藁优 2018	藁优 2018
达标类型	—	—	—	—	G2/Z1	G2/Z1	G2/Z1	G2/Z1
样品信息								
样品来源	河南社旗	河南扶沟	河南邓州	山东即墨	河北宁晋	河北吴桥	河北吴桥	河北枣强
种植面积(亩)	900	500	40	135	300	600	280	260
大户姓名	戚秋阳	姜振华	王海波	李君先	刘昭宇	刘志强	徐志恒	王洪图
籽　粒								
硬度指数	52	50	59	63	63	65	62	64
容重(g/L)	828	830	818	755	828	800	814	829
水分(%)	11.8	11.1	10.7	10.8	10.2	10.5	10.0	9.6
粗蛋白(%,干基)	12.5	15.8	14.4	19.8	15.4	16.2	15.2	15.3
降落数值(s)	370	350	396	373	429	409	454	470
面粉								
出粉率(%)	62	61	65.3	65	69	67	69	68
沉淀指数(ml)	34.0	40.5	47.5	52.0	40.0	30.0	31.5	38.5
灰分(%,干基)	0.58	0.41	0.41	0.97	0.82	0.68	0.59	0.48
湿面筋(%,14%湿基)	23.3	28.7	24.2	49.8	32.4	34.0	34.1	34.3
面筋指数	98	95	99	60	91	92	86	84
面团								
吸水量(ml/100g)	52.2	52.1	54.9	61.2	55.3	59.1	54.9	56.7
形成时间(min)	1.3	1.8	1.8	4.0	5.8	10.2	7.0	33.9
稳定时间(min)	16.8	16.6	15.7	9.9	16.3	29.2	34.7	39.7
拉伸面积135(min)(cm^2)	107	132	150	79	131	126	126	132
延伸性(mm)	119	130	158	163	156	150	162	153
最大阻力(E.U)	717	810	789	352	658	637	617	689
烘焙评价								
面包体积(ml)	880	880	790	820	900	900	900	900
面包评分	89.3	89.3	77.8	79.3	93.0	93.0	93.0	93.0
蒸煮评价								
面条评分								

（续表）

样品编号	170006	170104	170151	170096	170122	170091	170386	170085
品种名称	藁优 2018	藁优 2018	藁优 2018	藁优 2018	藁优 5766	藁优 5766	浩麦 1 号	黑小麦
达标类型	G2/Z2	Z1	Z1	Z3	G2/Z1	Z1	—	G1/Z1
样品信息								
样品来源	河北肥乡	河北藁城	河北宁晋	河北柏乡	河北吴桥	山东莱州	江苏如东	河北滦县
种植面积(亩)	1000	1000	200	35	2100	400	110	150
大户姓名	胡朝建	刘和宾	张军永	常清	刘志强	王明涛	缪明华	裴十超
籽粒								
硬度指数	64	63	62	65	65	70	73	58
容重(g/L)	803	812	829	829	804	791	808	832
水分(%)	10.8	11.5	9.5	10.1	11.0	10.1	11.4	9.8
粗蛋白(%,干基)	15.2	15.0	14.2	14.7	15.9	16.1	13.1	17.8
降落数值(s)	403	410	406	387	408	397	381	380
面粉								
出粉率(%)	70	67	68	69	67	64	75.0	70
沉淀指数(ml)	36.0	41.5	32.0	35.5	33.5	37.0	33.0	61.0
灰分(%,干基)	0.62	0.94	0.62	0.82	0.61	0.44	0.44	0.62
湿面筋(%,14%湿基)	32.5	31.5	31.9	31.5	33.5	31.4	26.2	39.5
面筋指数	89	95	87	90	93	98	93	92
面团								
吸水量(ml/100g)	57.2	55.3	54.1	57.5	61.2	58.6	56.8	57.2
形成时间(min)	3.2	24.9	7.7	6.0	30.2	26.8	1.9	13.8
稳定时间(min)	13.9	29.8	18.2	10.6	33.3	42.5	9.9	30.7
拉伸面积135(min)(cm^2)	126	153	120	108	144	168	96	177
延伸性(mm)	145	155	155	150	160	155	140	177
最大阻力(E.U)	683	775	603	538	718	851	549	793
烘焙评价								
面包体积(ml)	900	900	900	900	870	830		990
面包评分	93.0	93.0	93.0	93.0	88.5	84.2		91.0
蒸煮评价								
面条评分								

（续表）

样品编号	170089	170087	170214	170216	170240	170090	170072	170021
品种名称	济麦 229	济麦 229	济麦 229	济麦 229	济麦 23	济麦 44	济南 17	济南 17
达标类型	G1/Z1	Z1	—	—	—	G2/Z1	G2/Z3	MS
样品信息								
样品来源	山东莱州	山东惠民	山东乐陵	山东乐陵	山东郓城	山东莱州	山东齐河	山东牡丹区
种植面积(亩)	600	200	300	100	50	100	120	100
大户姓名	王明涛	杨秀平	樊增邦	梁勇	王振峰	王明涛	姜其民	郭宪峰
籽粒								
硬度指数	67	68	67	69	66	66	69	65
容重(g/L)	790	800	816	823	821	810	803	803
水分(%)	9.7	10.7	11.1	11.3	11.2	10.8	11.2	10.7
粗蛋白(%,干基)	18.2	15.9	15.3	15.3	17.2	17.4	14.6	14.7
降落数值(s)	395	383	378	375	401	408	370	383
面粉								
出粉率(%)	64	66	65	65	65	63	67	68
沉淀指数(ml)	39.5	45.0	35.0	42.0	33.0	46.5	32.0	30.0
灰分(%,干基)	0.95	0.66	0.62	0.45	0.62	0.48	0.94	0.43
湿面筋(%,14%湿基)	38.5	31.2	28.9	28.2	35.6	33.8	33.1	31.5
面筋指数	89	98	99	99	81	97	78	64
面团								
吸水量(ml/100g)	59.8	55.7	58.1	57.7	61.6	58.1	63.2	57.2
形成时间(min)	29.8	35.2	2.4	2.2	5.7	34.0	5.5	2.5
稳定时间(min)	34.9	38.7	18.6	20.4	10.8	44.8	8.1	6.9
拉伸面积135(min)(cm^2)	179	170	145	180	64	134	112	
延伸性(mm)	179	153	146	152	140	147	164	
最大阻力(E.U)	758	879	807	986	351	712	581	
烘焙评价								
面包体积(ml)	870	870	870	870	820	880	820	
面包评分	88.0	88.0	88.0	88.0	78.3	87.8	84.3	
蒸煮评价								
面条评分								84.0

（续表）

样品编号	170459	170465	170260	170310	170362	170367	170093	2017CC135
品种名称	济南 17	济南 17	济南 17	济南 17	济南 17	济南 17	科农 2009	龙麦 33
达标类型	MS	MS	—	—	—	—	G2/Z3	—
样品信息								
样品来源	山东高唐	山东平度	山东兖州	山东高密	山东高密	山东邹平	山西襄汾	黑龙江嫩江
种植面积(亩)	80	500	850	1290	130		545	200
大户姓名	郭延涛	侯元江	仇汉华	王翠芬	魏蒙	刘伟忠	翟战备	秦泗军
籽粒								
硬度指数	66	68	70	67	73	74	67	62.1
容重(g/L)	807	790	789	769	766	804	830	801
水分(%)	10.4	11.6	12.3	10.3	10.7	10.9	11.2	12.4
粗蛋白(%,干基)	14.7	14.8	15.5	18.6	16.5	14.9	14.9	15.2
降落数值(s)	348	431	267	362	383	350	336	267
面粉								
出粉率(%)	70	70	66	65	69.2	73.0	64	72.8
沉淀指数(ml)	38.5	35.5	35.5	31.0	35.5	40.0	33.5	41.8
灰分(%,干基)	0.76	0.65	0.40	0.73	0.48	0.41	0.99	0.7
湿面筋(%,14%湿基)	34.8	39.1	34.6	47.3	35.3	34.8	36.2	27.7
面筋指数	90	77	86	67	72	84	81	
面团								
吸水量(ml/100g)	64.7	66.7	63.5	65.0	64.2	63.0	61.1	59.4
形成时间(min)	3.3	3.7	6.3	4.7	5.3	4.8	6.0	2.2
稳定时间(min)	7.5	7.1	13.9	7.7	9.3	6.0	8.5	2.8
拉伸面积135(min)(cm^2)	102	85	110	72	50		101	
延伸性(mm)	173	178	157	176	136		184	
最大阻力(E.U)	472	346	528	296	264		415	
烘焙评价								
面包体积(ml)			820				920	
面包评分			84.3				89.0	
蒸煮评价								
面条评分	84.0	84.0		84.0		79.0		

（续表）

样品编号	2017CC193	2017CC170	2017CC118	2017CC124	2017CC132	2017CC133	2017CC134	2017CC164
品种名称	龙麦 33	龙麦 35	龙麦 35	龙麦 35	龙麦 35	龙麦 35	龙麦 35	龙麦 35
达标类型	—	G2	—	—	—	—	—	—
样品信息								
样品来源	黑龙江爱辉	内蒙古牙克石	黑龙江呼玛	黑龙江呼玛	黑龙江呼玛	黑龙江嫩江	黑龙江嫩江	内蒙古鄂托克旗
种植面积(亩)	300	12500	30	450	900	150	1225	250
大户姓名	盛遵科	贾爱民	李国忠	刘瑞田	侯家红	毕照海	刘海东	吕城
籽粒								
硬度指数	54.4	56.9	61.0	62.2	58.0	56.3	65.6	58.1
容重(g/L)	727	832	821	796	823	828	794	826
水分(%)	8.8	9.2	11.9	9.8	10.2	10.9	13.7	10.4
粗蛋白(%,干基)	14.4	16.3	13.0	11.1	13.8	14.7	15.1	13.6
降落数值(s)	170	379	297	250	191	224	202	269
面粉								
出粉率(%)	67.5	68.3	67.0	73.3	70.4	68.3	70.1	68.7
沉淀指数(ml)	49.5	58.0	50.3	52.5	49.5	51.0	56.5	49.0
灰分(%,干基)	0.48	0.51	0.4	0.45	0.53	0.42	0.41	0.59
湿面筋(%,14%湿基)	30.4	34.6	25.4	20.5	29.9	28.1	29.3	28.9
面筋指数								
面团								
吸水量(ml/100g)	57.8	60.7	58.6	57.5	63.6	58.4	59.4	55.9
形成时间(min)	2.0	8.6	2.0	1.5	2.9	2.3	2.3	5.2
稳定时间(min)	2.1	23.4	2.9	1.6	3.7	2.3	2.7	7.1
拉伸面积135(min)(cm^2)								119
延伸性(mm)								205
最大阻力(E.U)								430
烘焙评价								
面包体积(ml)		900						
面包评分		89						
蒸煮评价								
面条评分		86.0			85.0			85.0

（续表）

样品编号	2017CC188	2017CC160	2017CC131	2017CC189	2017CC191	2017CC192	2017CC195	2017CC196
品种名称	龙麦 35	龙麦 35	龙麦 36	龙麦 36	龙麦 36	龙麦 36	龙麦 36	龙麦 36
达标类型	—	—	—	—	—	—	—	—
样品信息								
样品来源	黑龙江爱辉	黑龙江嫩江	内蒙古牙克石	黑龙江爱辉	黑龙江爱辉	黑龙江爱辉	黑龙江爱辉	黑龙江爱辉
种植面积(亩)	100	750	1000	150	375	380	150	175
大户姓名	张立秋	董德峰	曲树彬	张龙	邵建臣	刘海亭	张立秋	吉忠贤
籽粒								
硬度指数	55.5	55.4	56.5	99.6	58.8	99.6	57.3	53.4
容重(g/L)	838	818	830	783	741	736	802	768
水分(%)	10.5	9.9	12.3	11.0	11.6	10.7	9.8	10.4
粗蛋白(%,干基)	14.8	15.3	11.1	14.7	14.9	13.9	14.0	14.4
降落数值(s)	275	295	300	326	195	322	238	319
面粉								
出粉率(%)	65.2	59.7	63.3	69.5	66.7	72.2	71.4	64.0
沉淀指数(ml)	25.0	47.5	45.0	28.0	53.5	47.0	22.5	51.0
灰分(%,干基)	0.36	0.38	0.46	0.43	0.52	0.59	0.62	0.38
湿面筋(%,14%湿基)	31.4	32.6	23.3	31.2	31.9	29.3	29.8	30.7
面筋指数								
面团								
吸水量(ml/100g)	56.9	60.5	58.8	59.2	62.3	62.5	61.2	61.7
形成时间(min)	1.4	3.7	2.2	1.7	2.5	2.3	1.7	2.0
稳定时间(min)	1.7	12.5	3.2	1.5	3.6	4.5	1.1	2.0
拉伸面积135(min)(cm²)		112						
延伸性(mm)		181						
最大阻力(E.U)		435						
烘焙评价								
面包体积(ml)								
面包评分								
蒸煮评价								
面条评分		87.0	86.0			86.0		

（续表）

样品编号	2017CC198	2017CC158	2017CC185	170485	170503	170504	170482	170461
品种名称	龙麦 36	龙麦 40	龙麦 40	山农 12	山农 12	山农 12	山农 12	山农 26
达标类型	—	MG	—	Z3/MS	Z3/MS	MS	G2/Z2	G2/Z1
样品信息								
样品来源	黑龙江爱辉	黑龙江嫩江	内蒙古科右中旗	山东惠民	山东济宁	山东宁阳	山东惠民	山东滨城区
种植面积(亩)	750	450	8800	3000			5000	700
大户姓名	肖春世	董德峰	包银泉	钟昌伟	刘汉良	朱峰	程国富	李恒钊
籽粒								
硬度指数	99.6	57.9	57.5	64	65	64	64	68
容重(g/L)	743	779	809	804	802	803	803	790
水分(%)	10.2	11.8	11.1	10.4	11.0	10.5	10.9	10.7
粗蛋白(%,干基)	14.1	14.3	17.0	14.1	14.4	14.2	16.2	16.1
降落数值(s)	328	314	212	390	415	404	310	361
面粉								
出粉率(%)	70.4	66.9	64.8	73	69	70	67	66
沉淀指数(ml)	48.0	47.8	49.5	34.0	37.0	31.5	34.0	40.0
灰分(%,干基)	0.46	0.46	0.56	0.40	0.48	0.68	0.87	0.88
湿面筋(%,14%湿基)	29.6	30.2	36.3	30.4	30.3	29.2	33.5	32.1
面筋指数				95	92	97	92	100
面团								
吸水量(ml/100g)	61.2	61.7	66.2	59.1	55.8	55.3	61.8	57.0
形成时间(min)	2.2	3.2	4.0	1.9	2.2	2.2	7.7	2.9
稳定时间(min)	2.5	4.9	2.8	9.1	11.9	11.5	14.4	35.9
拉伸面积135(min)(cm^2)				146	127	114	121	219
延伸性(mm)				175	148	159	185	203
最大阻力(E.U)				711	678	546	508	834
烘焙评价								
面包体积(ml)				900	900	900	900	850
面包评分				92.5	92.5	92.5	92.5	87.8
蒸煮评价								
面条评分		83.0		85.0	85.0	85.0	85.0	

（续表）

样品编号	170481	170501	170502	170496	170428	170445	170483	170106
品种名称	山农 26	山农 26	山农 26	山农 26	山农 26	山农 26	山农 26	陕垦 10
达标类型	Z2	Z3	Z3	MG	—	—	—	—
样品信息								
样品来源	山东惠民	山东济宁	山东宁阳	河南夏邑	河南武陟	河南沁阳	山东惠民	陕西临渭
种植面积(亩)	5000			1000	700	700	3000	30
大户姓名	程国富	刘汉良	刘聪	梁文化	朱启光	孟凡金	钟昌伟	潘新良
籽粒								
硬度指数	60	65	65	65	73	73	57	66
容重(g/L)	774	800	799	815	757	762	769	826
水分(%)	11.0	10.8	10.7	10.9	9.0	8.8	10.7	10.8
粗蛋白(%,干基)	15.0	14.4	14.3	13.6	13.1	12.9	15.2	14.2
降落数值(s)	327	424	408	392	336	338	333	353
面粉								
出粉率(%)	70	70	69	67	72.2	71.9	73	69
沉淀指数(ml)	39.5	34.5	38.5	31.5	34.3	33.3	38.5	27.0
灰分(%,干基)	0.45	0.50	0.61	0.66	0.39	0.43	0.49	0.41
湿面筋(%,14%湿基)	30.1	30.7	30.0	27.8	23.2	24.6	35.0	29.4
面筋指数	98	96	89	98	89	98	89	91
面团								
吸水量(ml/100g)	55.7	55.3	55.4	55.0	57.7	57.5	56.8	55.4
形成时间(min)	2.2	2.0	2.0	1.7	1.7	2.7	5.0	7.5
稳定时间(min)	14.1	11.0	11.3	3.1	11.5	17.6	12.7	10.5
拉伸面积135(min)(cm^2)	138	124	133		99	101	119	111
延伸性(mm)	157	162	154		152	146	180	144
最大阻力(E.U)	703	594	691		514	535	513	577
烘焙评价								
面包体积(ml)	850	850	850		800	800	850	850
面包评分	87.8	87.8	87.8		81.2	81.2	87.8	78.8
蒸煮评价								
面条评分								

（续表）

样品编号	170058	170042	170045	170109	170194	170094	170175	170326
品种名称	圣源 619	师栾 02-1	师栾 02-1	师栾 02-1	师栾 02-1	师栾 02-1	师栾 02-1	石 4366
达标类型	G2/Z2	G2/Z1	G2/Z1	G2/Z1	G2/Z2	—	—	—
样品信息								
样品来源	河南长葛	河南新乡	河南新乡	河北栾城区	河北任县	河北柏乡	河北隆尧	河北元氏
种植面积(亩)	6700	570	570	85	300	52	15	
大户姓名	王方毅	李愿	李愿	陈玉柱	贺志杰	常清	郭立华	刘东来
籽粒								
硬度指数	65	69	70	67	65	67	66	67
容重(g/L)	806	790	799	825	833	819	769	816
水分(%)	11.2	11.3	11.6	9.7	8.9	10.5	10.8	11.0
粗蛋白(%,干基)	14.9	16.0	16.5	17.2	16.5	16.2	17.5	12.6
降落数值(s)	421	377	349	384	314	280	277	425
面粉								
出粉率(%)	69	66	67	61	67	67	71	68
沉淀指数(ml)	29.5	40.0	38.5	39.5	39.5	40.0	36.5	28.5
灰分(%,干基)	0.52	0.44	0.73	0.40	0.40	0.60	0.48	0.40
湿面筋(%,14%湿基)	32.4	32.8	34.4	32.7	34.1	31.4	35.7	26.9
面筋指数	88	98	98	96	95	96	97	86
面团								
吸水量(ml/100g)	63.6	58.0	59.4	58.8	56.3	56.4	55.5	58.0
形成时间(min)	4.5	37.0	48.5	3.2	2.2	2.7	3.0	6.2
稳定时间(min)	15.1	54.2	49.8	32.1	15.2	27.4	35.2	12.5
拉伸面积135(min)(cm^2)	110	191	239	218	186	169	213	78
延伸性(mm)	146	167	131	168	164	161	170	112
最大阻力(E.U)	595	931	1638	1011	959	843	1047	525
烘焙评价								
面包体积(ml)	840	950	950	950	950	950	950	
面包评分	82.0	88.0	88.0	89.5	89.5	89.5	89.5	
蒸煮评价								
面条评分								87.0

（续表）

样品编号	170390	170427	2017CC014	2017CC003	170105	2017CC002	170061	2017CC095
品种名称	泰山 27	泰山 27	西农 20	西农 20	西农 3517	西农 3517	西农 509	西农 529
达标类型	—	—	Z1/MS	—	—	—	MG	—
样品信息								
样品来源	山东岱岳	山东肥城	陕西凤翔	陕西三原	陕西临渭	陕西泾阳	河南正阳	陕西长安区
种植面积(亩)	106	600	320	890	60	275	500	
大户姓名	薛丽娜	汪西军	张芝娟	田永新	潘新良	张高民	黄磊	薛强
籽粒								
硬度指数	72	71	69.1	70.5	64	67.3	70	66.9
容重(g/L)	812	838	837	794	825	786	823	807
水分(%)	11.3	9.6	9.3	9.7	10.7	10.3	11.7	7.5
粗蛋白(%,干基)	15.6	15.0	15.3	14.2	15.0	14.3	12.5	14.5
降落数值(s)	298	216	366	244	126	212	359	297
面粉								
出粉率(%)	66.7	72.3	65.5	66.2	69	61.3	69	72.5
沉淀指数(ml)	45.3	50.0	39.0	35.0	39.5	30.2	21.5	32.5
灰分(%,干基)	0.45	0.37	0.4	0.51	0.53	0.44	0.43	0.33
湿面筋(%,14%湿基)	30.0	27.5	32.8	30.3	35.2	31.0	28.7	28.0
面筋指数	93	99			73		77	
面团								
吸水量(ml/100g)	62.8	61.9	64.9	65.3	61.6	60.6	61.2	60.0
形成时间(min)	8.2	8.8	23.2	2.5	3.5	4.8	2.0	1.9
稳定时间(min)	10.6	14.1	16.7	10.9	3.6	5.1	4.2	4.2
拉伸面积135(min)(cm^2)	152	123	159	88				
延伸性(mm)	218	189	170	145				
最大阻力(E.U)	535	538	735	519				
烘焙评价								
面包体积(ml)	930	930		900				
面包评分	91.0	91.0		87				
蒸煮评价								
面条评分			85.0	82.0		84.0	86.0	85.0

（续表）

样品编号	170300	170237	170334	170431	170398	170449	170277	2017CC073
品种名称	西农 9718	西农 979	西农 979	西农 979	西农 979	西农 979	西农 979	西农 979
达标类型	—	Z1	Z1	Z1	Z2	Z2	Z3	MS
样品信息								
样品来源	河南平舆	河南社旗	河南项城	湖北枣阳	河南汝南	河南唐河	河南唐河	陕西陈仓区
种植面积(亩)	1100	1200	200	26	95	1600	960	70
大户姓名	陈小立	戚秋阳	付尺枪	孙明凤	冀志清	冯家昌	乔振群	赵怀忠
籽粒								
硬度指数	70	71	70	74	77	70	67	70.2
容重(g/L)	799	818	792	798	797	792	821	799
水分(%)	10.7	11.4	11.4	9.6	11.2	11.3	10.4	7.6
粗蛋白(%,干基)	12.5	14.6	14.0	16.2	16.0	13.6	13.2	13.5
降落数值(s)	359	348	355	373	406	369	330	360
面粉								
出粉率(%)	63	67	66	66.7	70.3	66	66	68.5
沉淀指数(ml)	29.5	32.5	31.5	46.0	37.3	26.5	29.5	42.0
灰分(%,干基)	0.46	0.45	0.42	0.38	0.41	0.83	0.51	0.53
湿面筋(%,14%湿基)	27.7	30.7	31.1	33.9	33.1	31.6	33.4	29.2
面筋指数	94	88	96	90	95	95	74	
面团								
吸水量(ml/100g)	61.2	63.3	63.2	63.4	66.0	65.1	61.8	64.6
形成时间(min)	2.1	21.5	5.9	14.3	6.4	4.2	2.5	8.7
稳定时间(min)	11.9	30.2	26.9	17.9	15.8	19.0	10.8	17.0
拉伸面积135(min)(cm^2)	86	122	127	142	112	118	106	101
延伸性(mm)	157	159	164	176	152	164	167	137
最大阻力(E.U)	493	721	608	630	567	589	564	593
烘焙评价								
面包体积(ml)	800	810	810		770	810	810	
面包评分	77.7	81.5	81.5		77.2	81.5	81.5	
蒸煮评价								
面条评分								84.0

（续表）

样品编号	170063	170375	170060	170205	170206	170247	170248	170252
品种名称	西农 979	西农 979	西农 979	西农 979	西农 979	西农 979	西农 979	西农 979
达标类型	MG	MG	—	—	—	—	—	—
样品信息								
样品来源	河南正阳	河南确山	河南长葛	河南濮阳	河南濮阳	湖北宜城	湖北宜城	湖北宜城
种植面积(亩)	2000	600	4500			50	35	40
大户姓名	黄磊	白晶	王方毅	王康义	王召民	彭光法	薛家敏	李志友
籽粒								
硬度指数	71	77	71	71	71	75	73	73
容重(g/L)	819	810	805	821	819	789	795	793
水分(%)	11.3	10.4	10.7	11.3	11.4	12.1	11.4	11.1
粗蛋白(%,干基)	12.7	12.5	14.5	14.0	13.9	12.1	11.2	11.3
降落数值(s)	326	399	377	307	834	316	354	362
面粉								
出粉率(%)	66	69.8	66	66	64	63	64	63
沉淀指数(ml)	34.0	34.3	25.0	27.5	36.0	26.5	33.5	26.5
灰分(%,干基)	0.41	0.50	0.41	0.64	0.53	0.47	0.39	0.56
湿面筋(%,14%湿基)	26.9	27.2	35.0	29.3	28.1	22.8	22.1	23.3
面筋指数	96	95	44	91	95	97	96	98
面团								
吸水量(ml/100g)	64.2	65.3	57.3	61.0	60.3	57.3	58.2	60.3
形成时间(min)	2.0	1.7	2.3	31.8	29.8	1.7	1.7	1.9
稳定时间(min)	5.0	3.6	2.0	38.0	39.2	2.3	1.7	3.2
拉伸面积135(min)(cm^2)				123	131			
延伸性(mm)				144	138			
最大阻力(E.U)				692	789			
烘焙评价								
面包体积(ml)				810	810			
面包评分				81.5	81.5			
蒸煮评价								
面条评分	82.0							

（续表）

样品编号	170255	170314	170415	170441	170413	170435	170101	170382
品种名称	西农 979	西农 979	西农 979	西农 979	襄麦 25	襄麦 48	新麦 26	新麦 26
达标类型	—	—	—	—	—	—	Z1	Z1
样品信息								
样品来源	湖北宜城	河南浚县	湖北襄州区	湖北枣阳	湖北襄州区	湖北枣阳	河南淇县	河南浚县
种植面积(亩)	200	600		30.5		20	300	350
大户姓名	王平	魏方同	李海军	马红胜	米久生	刘德强	刘明元	周位起
籽粒								
硬度指数	72	68	77	77	72	77	65	74
容重(g/L)	777	799	806	786	792	792	782	796
水分(%)	11.3	10.8	9.5	11.6	10.3	10.6	9.9	10.7
粗蛋白(%,干基)	12.3	13.6	13.7	10.9	13.0	13.4	16.4	16.2
降落数值(s)	380	410	396	339	365	392	348	429
面粉								
出粉率(%)	62	68	65.5	67.8	68.3	65.1	67	70.0
沉淀指数(ml)	29.0	36.5	41.5	30.8	41.8	41.0	44.0	50.0
灰分(%,干基)	0.50	0.80	0.44	0.47	0.41	0.40	0.66	0.39
湿面筋(%,14%湿基)	24.0	27.4	27.6	21.4	24.6	27.2	31.0	31.4
面筋指数	98	97	98	95	98	99	98	96
面团								
吸水量(ml/100g)	59.9	61.6	66.4	59.1	59.7	64.4	63.7	65.2
形成时间(min)	2.0	2.2	21.2	1.4	1.8	2.0	30.7	18.7
稳定时间(min)	3.0	34.6	16.4	1.5	9.8	30.1	31.5	17.3
拉伸面积135(min)(cm^2)		115	146		139	127	192	188
延伸性(mm)		168	153		141	144	173	184
最大阻力(E.U)		660	773		810	696	867	803
烘焙评价								
面包体积(ml)		810	770			680	930	940
面包评分		81.5	77.2			65.2	96.0	90.5
蒸煮评价								
面条评分					79.0			

（续表）

样品编号	170477	170095	170186	170059	2017CC071	170185	170313	2017CC013
品种名称	新麦 26	新麦 26	新麦 26	新麦 28	郑麦 366	郑麦 366	郑麦 366	郑麦 366
达标类型	Z1	—	—	Z2	G2/Z2	Z1/MS	Z2/MS	Z2/MS
样品信息								
样品来源	河南商水	河北柏乡	河南延津	河南长葛	陕西陈仓区	河南延津	河南浚县	陕西凤翔
种植面积(亩)	600	32	180	2000	30	220	500	8050
大户姓名	徐艳红	常清	张文明	王方毅	赵怀忠	张文明	魏方同	张芝娟
籽　粒								
硬度指数	66	65	66	69	67.1	67	67	69.3
容重(g/L)	788	764	811	838	833	816	798	819
水分(%)	11.3	10.7	10.5	11.7	8.1	9.9	10.0	8.6
粗蛋白(%,干基)	16.1	15.7	14.3	15.5	15.6	14.5	15.0	15.0
降落数值(s)	473	425	440	334	401	447	394	377
面　粉								
出粉率(%)	70	65	65	69	68.0	65	67	66.8
沉淀指数(ml)	37.5	33.5	35.5	34.0	49.0	32.5	31.5	41.8
灰分(%,干基)	0.69	0.53	0.68	0.45	0.43	0.47	0.56	0.36
湿面筋(%,14%湿基)	30.6	33.0	29.8	31.1	33.0	31.7	32.9	32.7
面筋指数	97	85	93	84		83	89	
面　团								
吸水量(ml/100g)	63.7	60.9	62.5	58.2	65.0	61.8	60.8	63.6
形成时间(min)	2.5	9.7	18.0	9.5	13.3	20.4	8.2	15.2
稳定时间(min)	32.5	21.4	21.9	17.0	13.3	19.4	12.0	16.0
拉伸面积135(min)(cm^2)	189	115	149	113	147	144	146	111
延伸性(mm)	169	155	189	142	197	164	187	151
最大阻力(E.U)	851	569	820	614	583	695	684	571
烘焙评价								
面包体积(ml)	930	905	930	875	835	800	800	
面包评分	96.0	89.0	96.0	86.9	81	70.7	70.7	
蒸煮评价								
面条评分					86.0	87.0	87.0	86.0

（续表）

样品编号	170133	2017CC017	2017CC053	170433	170434	170440	170442	170222
品种名称	郑麦 366	郑麦 366	郑麦 366	郑麦 9023	郑麦 9023	郑麦 9023	郑麦 9023	郑麦 9023
达标类型	MS	MS	—	Z3	Z3	Z3	Z3	MS
样品信息								
样品来源	河南滑县	陕西 临渭区	陕西扶风	湖北枣阳	湖北枣阳	湖北枣阳	湖北枣阳	湖北枣阳
种植面积(亩)	30	425	280	40	120	36	120	210
大户姓名	黄国兴	赵战红	薛来锁	刘日学	毛仁勇	赵可浩	刘志庆	汪愉快
籽粒								
硬度指数	66	70.0	69.8	74	75	75	75	66
容重(g/L)	803	824	777	819	812	816	824	808
水分(%)	11.3	10.3	9.8	9.2	9.0	11.0	10.9	10.7
粗蛋白(%,干基)	14.9	13.8	15.4	15.4	14.9	16.2	15.2	14.0
降落数值(s)	424	334	262	348	336	370	368	336
面粉								
出粉率(%)	68	71.7	71.0	69.6	68.0	68.9	71.5	67
沉淀指数(ml)	29.5	41.0	41.0	40.3	39.0	42.0	42.0	31.5
灰分(%,干基)	0.59	0.57	0.37	0.38	0.39	0.38	0.38	0.42
湿面筋(%,14%湿基)	33.5	29.4	32.0	35.3	33.0	35.1	33.1	33.2
面筋指数	79			95	77	79	89	70
面团								
吸水量(ml/100g)	64.0	63.8	60.8	64.9	64.7	64.7	65.7	61.4
形成时间(min)	5.8	11.0	9.2	6.0	6.0	6.0	5.2	3.8
稳定时间(min)	10.3	16.0	8.3	9.4	8.6	9.1	11.3	6.8
拉伸面积135(min)(cm^2)	76	123	129	104	104	122	96	
延伸性(mm)	161	153	167	164	158	159	170	
最大阻力(E.U)	349	668	604	490	504	602	439	
烘焙评价								
面包体积(ml)	800	850		700	700	700	700	
面包评分	70.7	82		67.8	67.8	67.8	67.8	
蒸煮评价								
面条评分	87.0	84.0						81.0

（续表）

样品编号	170254	170249	170253	170256	170376	170407	170412	170414
品种名称	郑麦 9023	郑麦 9023	郑麦 9023	郑麦 9023	郑麦 9023	郑麦 9023	郑麦 9023	郑麦 9023
达标类型	MG	—	—	—	—	—	—	—
样品信息								
样品来源	湖北宜城	湖北宜城	湖北宜城	湖北宜城	河南确山	湖北襄州区	湖北襄州区	湖北襄州区
种植面积(亩)	40	35	50	1000	300	300		
大户姓名	赵青松	熊昌平	侯乐意	唐明涛	白晶	尚大顺	聂爱军	周继军
籽粒								
硬度指数	72	73	72	72	75	73	75	75
容重(g/L)	799	800	797	798	822	825	815	816
水分(%)	11.4	11.6	11.4	11.3	11.2	9.8	10.1	10.0
粗蛋白(%,干基)	13.1	13.0	12.5	13.1	14.4	13.4	13.5	13.7
降落数值(s)	351	359	372	374	361	341	346	348
面粉								
出粉率(%)	64	64	64	63	74.4	69.1	67.0	67.5
沉淀指数(ml)	34.5	33.0	35.5	36.5	33.0	34.8	39.5	39.0
灰分(%,干基)	0.60	0.59	0.49	0.94	0.44	0.47	0.37	0.46
湿面筋(%,14%湿基)	26.2	26.0	25.8	25.8	29.0	29.0	27.5	28.8
面筋指数	98	98	99	98	86	96	91	97
面团								
吸水量(ml/100g)	60.7	58.5	60.8	60.2	63.2	61.6	62.0	63.1
形成时间(min)	2.0	2.3	2.2	1.8	6.7	6.4	7.2	6.9
稳定时间(min)	2.8	6.7	7.9	6.4	11.3	8.8	11.5	13.3
拉伸面积135(min)(cm^2)			119		106	83	110	103
延伸性(mm)			126		151	133	143	143
最大阻力(E.U)			778		562	488	603	579
烘焙评价								
面包体积(ml)					700	700	700	700
面包评分					67.8	67.8	67.8	67.8
蒸煮评价								
面条评分		81.0	81.0	81.0				

（续表）

样品编号	170418	170218	170040	170043	170458
品种名称	郑麦 9023	洲元 9369	洲元 9369	洲元 9369	洲元 9369
达标类型	—	G1/Z1	G1/Z2	—	—
样品信息					
样品来源	湖北襄州区	山东莱州	山东莱州	山东莱州	山东高唐
种植面积(亩)		10	120	120	540
大户姓名	司应忠	唐卫杰	许春玲	许春玲	郭延涛
籽粒					
硬度指数	74	63	63	62	62
容重(g/L)	825	824	820	812	807
水分(%)	9.9	10.1	10.4	10.1	10.5
粗蛋白(%,干基)	13.2	16.4	18.2	18.1	15.8
降落数值(s)	334	373	314	297	294
面粉					
出粉率(%)	71.1	68	65	66	71
沉淀指数(ml)	38.0	45.5	42.5	41.0	33.5
灰分(%,干基)	0.38	0.39	0.94	0.40	0.61
湿面筋(%,14%湿基)	28.2	36.3	43.1	42.1	35.6
面筋指数	95	88	64	72	89
面团					
吸水量(ml/100g)	62.6	61.7	60.8	59.9	58.3
形成时间(min)	6.2	19.9	7.7	7.2	6.2
稳定时间(min)	9.5	19.1	15.1	12.3	10.9
拉伸面积135(min)(cm^2)	97	122	121	120	93
延伸性(mm)	152	176	202	197	173
最大阻力(E.U)	495	539	446	447	407
烘焙评价					
面包体积(ml)	700	860	860	860	860
面包评分	67.8	88.7	88.7	88.7	88.7
蒸煮评价					
面条评分					

3 中强筋小麦

3.1 样品综合指标

中国中强筋小麦中，达到 GB/T 17982 优质强筋小麦标准（G）的样品 2 份，达到郑州商品交易所强筋小麦交割标准（Z）的样品 17 份（图 3-1）；达到中强筋小麦标准（MS）的样品 17 份；达到中筋小麦标准（MG）的样品 22 份；未达标（—）样品 56 份。达标小麦样品比例（图 3-2）和中强筋小麦抽样县（区、市、旗），如图 3-3 所示。

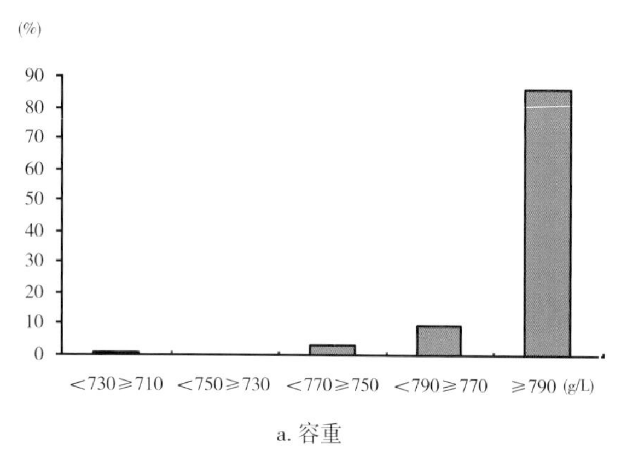

a. 容重

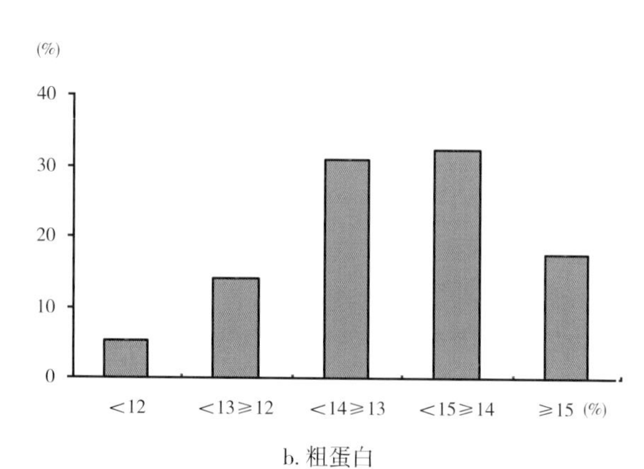

b. 粗蛋白

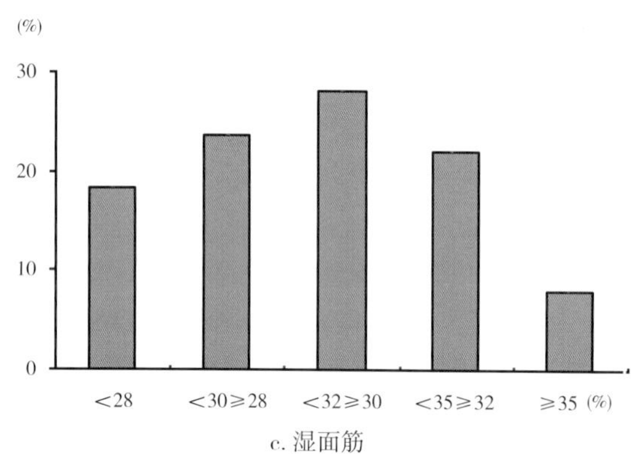

c. 湿面筋

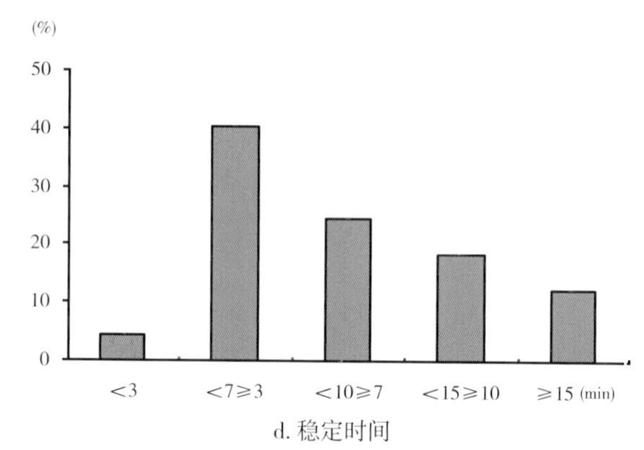

d. 稳定时间

图 3-1 中强筋小麦主要品质指标特征

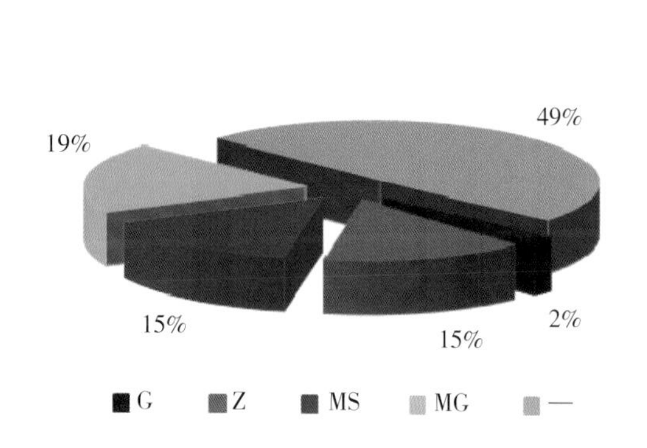

图 3-2 达标小麦样品比例

图 3-3 中强筋小麦抽样县（区、市、旗）

3.2 样本质量

中国中强筋小麦样品质量分析统计，如下表所示。

表 样品质量分析统计

样品编号	170304	170116	170221	170473	170351	170305	170230	170132
品种名称	百农 418	百农 418	百农 418	百农 418	百农 419	百农 419	百农 419	百农 AK58
达标类型	MS	MS	MS	MS	MG	—	—	MS
样品信息								
样品来源	河南西华	河南唐河	河南卫辉	河南商水	河南沈丘	河南西华	河南郸城	河南滑县
种植面积(亩)	500	2000	100	1200	600	600	335	30
大户姓名	曹自堂	尹中原	张希林	张留群	褚全华	曹自堂	于培康	黄国兴
籽粒								
硬度指数	65	64	64	64	71	67	66	62
容重(g/L)	806	831	812	807	801	830	829	803
水分(%)	10.8	10.0	10.5	11.0	11.4	10.9	11.5	10.7
粗蛋白(%,干基)	13.4	14.0	14.3	14.9	14.2	12.2	12.4	14.6
降落数值(s)	402	484	396	389	393	380	387	407
面粉								
出粉率(%)	61	65	68	67	74.5	66	67	67
沉淀指数(ml)	27.5	29.5	26.5	29.5	30.0	30.0	28.0	29.5
灰分(%,干基)	0.84	0.52	0.71	0.69	0.45	0.39	0.40	0.56
湿面筋(%,14%湿基)	33.5	33.8	32.0	35.0	30.4	27.0	26.5	32.4
面筋指数	71	68	70	68	69	84	81	75
面团								
吸水量(ml/100g)	59.7	60.6	59.9	62.3	57.7	55.8	55.0	58.4
形成时间(min)	4.3	5.2	3.7	4.5	3.0	6.0	1.9	7.5
稳定时间(min)	8.6	7.9	7.0	6.6	2.8	11.4	9.2	10.5
拉伸面积135(min)(cm^2)	60	52	57			75	67	47
延伸性(mm)	140	133	128			107	116	116
最大阻力(E.U)	303	272	315			536	430	282
烘焙评价								
面包体积(ml)	750	750	750			730	730	
面包评分	62.0	62.0	62.0			60.3	60.3	
蒸煮评价								
面条评分	84.0	84.0	84.0	84.0		89.0	89.0	84.0

（续表）

样品编号	170294	170410	170438	2017CC187	2017CC172	2017CC169	2017CC088	2017CC087
品种名称	百农 AK58	扶麦 1228	华麦 2566	克春 11	克春 1 号	宁春 16	宁春 4 号	宁春 4 号
达标类型	MG	Z2	Z2	—	—	MS	Z2	MS
样品信息								
样品来源	山东郓城	湖北襄州区	湖北枣阳	内蒙古科右中旗	内蒙古多伦	内蒙古牙克石	宁夏平罗	宁夏平罗
种植面积(亩)		100	50	7900	2000	17000	12	12
大户姓名	罗述贵	钟万志	李航	包银泉	宋占军	贾爱民	郝志学	王占伏
籽粒								
硬度指数	63	74	78	54.2	49.9	59.8	64.9	64.2
容重(g/L)	826	811	798	825	803	796	814	819
水分(%)	10.4	9.9	10.8	9.4	9.4	12.0	11.9	10.4
粗蛋白(%,干基)	14.2	15.2	13.9	15.3	18.3	13.6	14.7	14.2
降落数值(s)	451	378	408	155	309	322	343	339
面粉								
出粉率(%)	68	67.3	64.6	68.7	68.0	63.6	70.5	69.5
沉淀指数(ml)	29.5	50.3	39.3	36.0	35.0	37.0	49.0	47.0
灰分(%,干基)	0.40	0.44	0.46	0.42	0.39	0.43	0.39	0.53
湿面筋(%,14%湿基)	33.0	30.5	30.5	32.4	39.1	28.7	32.4	30.4
面筋指数	62	73	95					
面团								
吸水量(ml/100g)	57.0	67.5	65.4	63.0	60.1	57.7	57.4	56.2
形成时间(min)	3.3	17.5	2.0	3.8	10.0	3.2	7.8	4.7
稳定时间(min)	3.9	20.1	17.0	6.3	11.2	10.4	12.1	11.4
拉伸面积135(min)(cm^2)		112	115				108	85
延伸性(mm)		186	140				150	150
最大阻力(E.U)		449	672				423	423
烘焙评价								
面包体积(ml)		760	750		795	830		
面包评分		77.3	76.5		78	80		
蒸煮评价								
面条评分				81.0	77.0	83.0		88.0

（续表）

样品编号	2017CC056	2017CC082	2017CC015	2017CC016	2017CC011	2017CC043	2017CC044	2017CC055
品种名称	宁春4号	宁春4号	宁春4号	宁春4号	宁春4号	宁春4号	宁春4号	宁春4号
达标类型	MG	MG	—	—	—	—	—	—
样品信息								
样品来源	宁夏沙坡头	宁夏贺兰	宁夏中卫	宁夏中宁	宁夏永宁	内蒙古土默特右旗	内蒙古土默特右旗	宁夏沙坡头
种植面积(亩)	300		200	500	380	28	15	200
大户姓名	周杰	谢志岗	郑凯	刘兵	黄永国	王富云	王志雄	俞国强
籽粒								
硬度指数	63.1	62.2	63.8	63.9	65.7	64.8	69.4	62.2
容重(g/L)	812	820	800	823	828	806	780	834
水分(%)	9.6	8.9	8.3	9.2	10.3	7.9	13.4	8.9
粗蛋白(%,干基)	13.3	13.8	13.1	13.0	13.4	14.4	13.9	12.2
降落数值(s)	314	301	361	267	320	289	311	306
面粉								
出粉率(%)	55.4	68.2	56.0	60.4	64.2	64.4	66.2	70.9
沉淀指数(ml)	38.5	34.3	37.5	38.0	38.0	36.0	41.5	39.0
灰分(%,干基)	0.42	0.39	0.57	0.55	0.58	0.53	0.41	0.42
湿面筋(%,14%湿基)	29.1	30.5	27.9	28.7	28.8	31.3	29.1	26.3
面筋指数								
面团								
吸水量(ml/100g)	57.0	56.4	54.1	55.2	55.2	57.1	52.5	57.3
形成时间(min)	5.5	4.8	7.8	7.7	7.0	7.0	4.7	7.3
稳定时间(min)	5.9	4.8	16.1	15.5	11.4	9.8	9.3	8.9
拉伸面积135(min)(cm^2)			66	56	64			75
延伸性(mm)			135	140	141			147
最大阻力(E.U)			347	284	330			388
烘焙评价								
面包体积(ml)				845				
面包评分				82				
蒸煮评价								
面条评分	87.0	88.0						

（续表）

样品编号	2017CC012	2017CC068	2017CC086	2017CC090	2017CC129	2017CC083	2017CC067	2017CC181
品种名称	宁春4号	宁春4号	宁春4号	宁春4号	宁春4号	宁春50	宁春50	宁春50
达标类型	—	—	—	—	—	Z1	Z1/MS	MG
样品信息								
样品来源	宁夏永宁	宁夏贺兰	宁夏平昌	宁夏平罗	甘肃永昌	宁夏贺兰	宁夏贺兰	宁夏青铜峡
种植面积(亩)	800	100	200	15	437		100	
大户姓名	潘伟国	司占利	任剑	王明军	赵俊	谢志岗	司占利	王佳鹏
籽粒								
硬度指数	64.8	65.1	63.5	67.2	57.6	65.9	66.0	52.2
容重(g/L)	831	818	804	838	834	826	821	840
水分(%)	9.1	11.0	9.3	8.5	10.2	10.4	11.7	9.3
粗蛋白(%,干基)	14.4	14.9	13.6	13.7	12.8	14.2	14.4	14.2
降落数值(s)	315	311	280	285	320	326	343	346
面粉								
出粉率(%)	62.1	70.7	61.4	72.6	66.1	69.5	69.5	70.2
沉淀指数(ml)	35.3	32.0	37.5	29.0	30.0	42.0	44.0	33.0
灰分(%,干基)	0.48	0.45	0.55	0.4	0.51	0.47	0.4	0.44
湿面筋(%,14%湿基)	31.7	32.3	32.8	30.9	24.1	30.6	31.2	30.1
面筋指数								
面团								
吸水量(ml/100g)	57.4	56.7	57.8	58.9	58.5	56.8	54.6	58.7
形成时间(min)	6.7	7.7	8.2	6.0	2.5	13.7	9.9	6.7
稳定时间(min)	8.1	6.9	6.1	5.9	3.8	18.1	25.9	4.1
拉伸面积135(min)(cm^2)	65	80				137	147	
延伸性(mm)	149	171				179	190	
最大阻力(E.U)	305	352				594	605	
烘焙评价								
面包体积(ml)						855	865	
面包评分						84	83	
蒸煮评价								
面条评分					88.0		84.0	

（续表）

样品编号	2017CC023	2017CC089	2017CC179	2017CC091	2017CC178	2017CC024	2017CC084	2017CC130
品种名称	宁春 50	宁春 50	宁春 50	宁春 50	宁春 50	宁春 51	宁春 51	宁春 51
达标类型	—	—	—	—	—	—	—	—
样品信息								
样品来源	宁夏贺兰	宁夏平罗	宁夏青铜峡	宁夏平罗	宁夏青铜峡	宁夏贺兰	宁夏贺兰	甘肃永昌
种植面积(亩)		250		170				326
大户姓名	吴世强	王生强	刘申保	牟学文	高振军	吴世强	谢志岗	侯有红
籽粒								
硬度指数	63.6	62.1	51.8	58.8	52.2	65.0	63.2	57.3
容重(g/L)	832	810	843	784	843	831	819	818
水分(%)	10.3	9.4	10.3	8.9	9.9	10.3	10.8	11.0
粗蛋白(%,干基)	13.6	12.2	13.9	11.1	13.9	13.5	13.3	14.2
降落数值(s)	291	343	287	305	336	308	355	272
面粉								
出粉率(%)	57.7	73.5	66.9	72.7	69.2	66.3	68.7	68.3
沉淀指数(ml)	37.0	36.5	35.8	29.5	32.5	46.0	38.8	43.0
灰分(%,干基)	0.45	0.51	0.41	0.37	0.46	0.48	0.44	0.43
湿面筋(%,14%湿基)	30.3	26.2	29.7	18.7	29.5	29.9	26.9	30.7
面筋指数								
面团								
吸水量(ml/100g)	55.9	55.6	60.2	51.6	62.0	55.3	54.4	59.8
形成时间(min)	7.4	4.3	4.5	1.4	4.5	6.5	2.0	5.3
稳定时间(min)	10.6	6.4	4.0	3.3	2.1	11.1	8.2	5.0
拉伸面积135(min)(cm^2)	74					74	206	
延伸性(mm)	144					146	240	
最大阻力(E.U)	375					365	639	
烘焙评价								
面包体积(ml)								
面包评分								
蒸煮评价								
面条评分		85.0	85.0	85.0				

（续表）

样品编号	2017CC026	2017CC007	2017CC032	170471	170370	170074	170416	170143
品种名称	普冰 151	普冰 151	普冰 151	齐民 6 号	齐民 6 号	齐民 6 号	瑞星 1 号	山农 32
达标类型	Z3/MS	MG	—	Z3/MS	MG	—	—	MS
样品信息								
样品来源	陕西长武	陕西长武	安徽凤翔	河南宜阳	山东章丘	山东临淄区	湖北襄州区	山东即墨
种植面积(亩)	100	360				110	30	53
大户姓名	张伍科	李海成	彭亚明	陈孝林	李堃	傅庆岚	陈新群	吴希杰
籽粒								
硬度指数	65.6	70.7	69.8	63	74	64	71	63
容重(g/L)	805	784	715	793	804	823	758	796
水分(%)	9.3	10.5	7.7	10.7	10.9	11.2	9.8	9.9
粗蛋白(%,干基)	16.2	14.6	16.6	13.8	13.0	13.6	14.7	16.1
降落数值(s)	375	358	338	518	396	298	416	329
面粉								
出粉率(%)	69.5	62.0	71.7	73	70.8	69	66.0	66
沉淀指数(ml)	37.3	26.0	43.0	29.5	26.3	27.0	50.3	35.5
灰分(%,干基)	0.43	0.33	0.38	0.82	0.40	0.46	0.44	0.60
湿面筋(%,14%湿基)	35.2	34.7	37.6	31.9	25.1	31.7	28.7	38.7
面筋指数				95	76	70	98	60
面团								
吸水量(ml/100g)	61.2	64.4	64.5	59.5	62.6	56.0	61.1	61.2
形成时间(min)	9.4	5.5	9.0	6.7	3.0	3.8	9.8	4.3
稳定时间(min)	9.2	5.4	9.8	9.9	4.9	4.8	16.1	6.0
拉伸面积135(min)(cm^2)	124		82	115			134	
延伸性(mm)	179		209	164			154	
最大阻力(E.U)	534		284	575			689	
烘焙评价								
面包体积(ml)	800						770	
面包评分	79						78.2	
蒸煮评价								
面条评分	84.0	83.0		84.0	79.0	84.0		87.0

（续表）

样品编号	170397	170335	2017CC041	170108	170031	170320	170456	170448
品种名称	山农 32	山农 32	陕垦 6 号	石优 20	石优 20	石优 20	泰农 18	泰农 18
达标类型	MG	—	—	MG	MG	—	MS	MG
样品信息								
样品来源	山东峄城区	山东峄城区	陕西长安区	河北任丘	河北任丘	河北玉田	山东邹城	山东岱岳区
种植面积(亩)	170	440		300	500	100	200	150
大户姓名	陈伟	刘西元	张利斌	孙振坡	张亚军	冯立田	谢新华	庞慧
籽粒								
硬度指数	75	64	68.4	65	62	66	65	63
容重(g/L)	800	798	789	825	827	758	794	796
水分(%)	11.3	11.1	8.3	10.4	10.0	10.9	11.1	11.0
粗蛋白(%,干基)	13.2	12.9	13.9	14.7	13.9	13.4	13.6	12.8
降落数值(s)	436	350	217	371	302	380	381	348
面粉								
出粉率(%)	72.9	70	71.2	67	69	65	69	69
沉淀指数(ml)	27.0	28.5	30.0	32.5	24.0	36.5	27.5	28.5
灰分(%,干基)	0.44	0.47	0.41	0.41	0.56	0.80	0.52	0.48
湿面筋(%,14%湿基)	27.8	29.8	28.7	34.5	33.6	28.4	31.9	28.7
面筋指数	83	83		54	52	98	90	82
面团								
吸水量(ml/100g)	60.7	57.6	58.9	61.6	61.1	55.8	57.9	59.6
形成时间(min)	4.3	6.0	5.3	3.0	3.0	2.5	2.7	1.9
稳定时间(min)	5.6	9.7	5.7	5.0	3.1	12.2	7.9	5.1
拉伸面积135(min)(cm^2)		72				89	75	
延伸性(mm)		130				135	141	
最大阻力(E.U)		421				509	416	
烘焙评价								
面包体积(ml)								
面包评分								
蒸煮评价								
面条评分	82.0	87.0	85.0	85.0		85.0	83.0	83.0

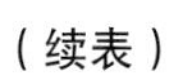
（续表）

样品编号	170401	2017CC018	170348	2017CC075	2017CC061	2017CC059	2017CC103	2017CC070
品种名称	泰农 18	伟隆 121	先麦 10	新冬 18	新冬 22	新冬 22	新冬 41	新冬 41
达标类型	—	—	Z3	Z2/MS	Z3/MS	—	Z1/MS	MG
样品信息								
样品来源	山东曲阜	安徽凤翔	河南邓州	新疆温泉	新疆且末	新疆奇台	新疆木垒	新疆呼图壁
种植面积(亩)	170	3600	30	50	200	1600	1000	1500
大户姓名	张忠友	何乃洲	周遂喜	王铁军	麦米提力·于素甫	朱家	俞天锦	祝建
籽粒								
硬度指数	76	72.0	75	64.9	62.6	64.3	52.4	63.6
容重(g/L)	793	825	798	806	827	815	818	832
水分(%)	11.7	9.1	11.4	8.1	7.9	7.0	8.4	6.2
粗蛋白(%,干基)	15.1	12.2	16.5	14.1	13.3	13.4	14.6	15.3
降落数值(s)	454	313	395	359	434	436	369	523
面粉								
出粉率(%)	72.2	63.9	73.6	66.9	76.5	60.4	70.1	66.9
沉淀指数(ml)	31.0	25.0	40.3	48.0	38.5	44.0	45.0	32.0
灰分(%,干基)	0.45	0.56	0.44	0.43	0.45	0.45	0.46	0.49
湿面筋(%,14%湿基)	28.4	27.5	34.6	31.4	30.0	27.5	30.1	35.8
面筋指数	84		89					
面团								
吸水量(ml/100g)	62.3	63.4	63.7	60.0	57.7	57.3	56.2	61.6
形成时间(min)	6.5	2.5	7.8	14.7	8.2	13.5	12.0	5.2
稳定时间(min)	11.2	9.9	15.5	14.6	11.7	20.9	20.7	3.5
拉伸面积135(min)(cm^2)	84	82	92	115	91	120	148	
延伸性(mm)	133	142	159	183	149	152	169	
最大阻力(E.U)	482	429	442	485	458	628	704	
烘焙评价								
面包体积(ml)	720		720	840	790		800	
面包评分	70.0		71.0	81	75		79	
蒸煮评价								
面条评分		78.0		85.0	84.0	86.0	85.0	84.0

（续表）

样品编号	2017CC104	2017CC110	170124	170025	170344	170308	170212	170211
品种名称	新冬 41	新冬 41	烟农 19	烟农 19	烟农 19	烟农 5158	烟农 5286	烟农 5286
达标类型	—	—	—	—	—	—	G2/Z3	Z3
样品信息								
样品来源	新疆木垒	新疆乌苏	山东临沭	山西平陆	江苏睢宁	山东海阳	山东乐陵	山东乐陵
种植面积(亩)	1000	1052	165	40	2000	60	400	100
大户姓名	俞天锦	王国华	王玉华	康峰	张宏杰	姜学	樊增邦	梁雾
籽粒								
硬度指数	50.2	62.2	65	61	68	50	62	61
容重(g/L)	833	828	812	779	797	803	803	810
水分(%)	5.7	8.8	9.7	8.7	11.5	10.6	9.8	9.7
粗蛋白(%,干基)	15.4	14.6	10.9	14.5	10.5	14.8	14.6	18.3
降落数值(s)	391	376	399	223	391	333	413	375
面粉								
出粉率(%)	69.3	71.8	68	68	64	63	70	71
沉淀指数(ml)	29.0	27.5	23.5	35.0	15.0	40.5	34.0	38.0
灰分(%,干基)	0.53	0.45	0.62	0.76	0.41	0.43	0.58	0.49
湿面筋(%,14%湿基)	34.3	33.1	24.3	34.0	20.2	33.4	32.0	31.5
面筋指数			88	64	77	88	74	76
面团								
吸水量(ml/100g)	60.4	62.0	56.6	59.7	54.4	53.0	57.8	58.8
形成时间(min)	3.0	2.5	4.3	3.9	1.2	4.7	5.8	17.7
稳定时间(min)	2.0	1.8	7.5	4.4	4.1	7.5	22.0	23.2
拉伸面积135(min)(cm^2)			66			108	97	98
延伸性(mm)			112			133	160	146
最大阻力(E.U)			437			646	462	501
烘焙评价								
面包体积(ml)						830	840	840
面包评分						76.7	80.5	80.5
蒸煮评价								
面条评分			83.0	83.0	83.0			

（续表）

样品编号	170138	170139	170120	170342	170098	2017CC049	2017CC048	2017CC047
品种名称	扬富麦 101	扬富麦 101	扬麦 23	扬麦 23	扬麦 23	永春 26	永春 33	永春 41
达标类型	G2/Z3	—	Z2/MS	MS	MS	MS	—	Z3/MS
样品信息								
样品来源	江苏高邮	江苏高邮	江苏兴化	江苏兴化	江苏射阳	新疆塔城	新疆塔城	新疆塔城
种植面积(亩)	120	30	75	320	725	1000	500	500
大户姓名	孙良国	徐光阳	孙爱清	王红妹	张必军	禅杰善	禅杰善	禅杰善
籽粒								
硬度指数	63	63	61	63	63	67.0	67.3	63.9
容重(g/L)	816	809	785	799	832	840	826	835
水分(%)	11.2	10.9	11.3	10.7	11.0	7.7	7.7	6.6
粗蛋白(%,干基)	14.0	11.5	15.2	14.2	13.8	13.2	14.4	14.0
降落数值(s)	405	381	458	399	409	340	346	348
面粉								
出粉率(%)	69	68	69	61	69	71.7	76.3	70.4
沉淀指数(ml)	37.5	34.5	42.5	37.5	35.0	38.0	33.5	49.0
灰分(%,干基)	0.52	0.70	0.68	0.40	0.40	0.43	0.39	0.45
湿面筋(%,14%湿基)	33.1	24.7	33.2	29.3	31.6	28.1	30.6	30.7
面筋指数	84	96	85	92	71			
面团								
吸水量(ml/100g)	59.9	56.7	56.7	54.1	57.5	58.9	59.6	57.0
形成时间(min)	5.3	2.2	4.5	2.8	3.0	6.0	7.2	8.5
稳定时间(min)	8.7	10.9	15.1	38.3	6.7	11.8	8.6	13.3
拉伸面积135(min)(cm^2)	113	101	138	106		124	71	94
延伸性(mm)	187	146	154	134		165	171	142
最大阻力(E.U)	456	532	683	599		604	604	500
烘焙评价								
面包体积(ml)	865	865				810	830	810
面包评分	87.6	87.6				80	79	78
蒸煮评价								
面条评分			84.0	84.0	84.0	84.0		84.0

（续表）

样品编号	2017CC102	2017CC120	2017CC121	2017CC116	2017CC045	2017CC115	2017CC163	2017CC136
品种名称	永良 15	永良 15	永良 4 号	永良 4 号	永良 4 号	永良 4 号	永良 4 号	永良 4 号
达标类型	—	—	MS	MG	MG	MG	MG	MG
样品信息								
样品来源	甘肃永登	甘肃永登	内蒙古杭锦后旗	内蒙古临河区	宁夏永宁	内蒙古临河区	内蒙古克什克腾旗	内蒙古太仆寺旗
种植面积(亩)	1.5	3	50	100	768	10200	200	600
大户姓名	贾小慧	乃万成	曹龙	马军	王保利	孔宪忠	田开山	杨菁山
籽粒								
硬度指数	56.0	57.8	55.7	64.2	66.2	64.6	100.2	53.3
容重(g/L)	820	827	837	819	827	820	832	792
水分(%)	12.2	10.3	10.7	13.9	9.5	10.3	10.3	11.5
粗蛋白(%,干基)	13.6	13.5	13.9	14.5	14.4	14.4	13.9	17.2
降落数值(s)	200	225	329	312	341	355	315	329
面粉								
出粉率(%)	72.2	68.8	65.8	73.2	68.4	71.3	72.5	58.4
沉淀指数(ml)	28.5	29.0	32.0	32.0	34.3	38.0	29.3	31.3
灰分(%,干基)	0.41	0.47	0.52	0.42	0.39	0.55	0.52	0.46
湿面筋(%,14%湿基)	28.8	28.1	28.9	31.0	32.1	30.9	29.3	37.2
面筋指数								
面团								
吸水量(ml/100g)	59.5	60.6	58.8	58.5	60.4	57.6	58.4	61.5
形成时间(min)	3.9	2.7	4.8	5.8	5.5	6.0	5.4	5.0
稳定时间(min)	5.9	5.8	6.3	5.9	5.8	5.7	5.5	5.4
拉伸面积135(min)(cm^2)								
延伸性(mm)								
最大阻力(E.U)								
烘焙评价								
面包体积(ml)								
面包评分								
蒸煮评价								
面条评分	84.0		87.0				86.0	

（续表）

样品编号	2017CC176	2017CC175	2017CC177	2017CC117	2017CC171	2017CC119	2017CC009	2017CC025
品种名称	永良4号	永良4号	永良4号	永良4号	永良4号	永良4号	长旱58	长旱58
达标类型	MG	MG	MG	—	—	—	Z2/MS	Z3/MS
样品信息								
样品来源	内蒙古五原	内蒙古五原	内蒙古五原	内蒙古临河区	内蒙古多伦	内蒙古杭锦后旗	陕西长武	陕西长武
种植面积(亩)	15	20	70	50	2500	60	180	700
大户姓名	任小林	黄喜荣	赵益川	高国	宋占军	李燕芳	张万玉	张伍科
籽粒								
硬度指数	54.6	53.8	54.3	56.4	55.5	55.4	67.6	64.5
容重(g/L)	810	811	827	821	761	839	783	800
水分(%)	10.3	10.3	12.9	12.0	9.9	8.5	8.8	7.3
粗蛋白(%,干基)	14.2	15.3	15.8	14.5	18.3	13.9	14.5	15.4
降落数值(s)	302	302	348	320	309	292	377	364
面粉								
出粉率(%)	69.7	58.4	69.1	71.4	69.8	66.2	64.0	64.5
沉淀指数(ml)	40.8	28.8	26.3	34.8	26.0	35.5	36.0	37.0
灰分(%,干基)	0.48	0.47	0.48	0.42	0.42	0.35	0.52	0.49
湿面筋(%,14%湿基)	30.1	32.4	33.6	30.9	39.0	29.5	31.2	35.6
面筋指数								
面团								
吸水量(ml/100g)	57.1	58.6	60.0	58.2	60.9	58.7	61.7	61.8
形成时间(min)	5.5	5.2	6.5	6.8	7.4	4.5	5.0	8.8
稳定时间(min)	5.0	4.6	3.5	7.1	6.2	4.3	12.3	10.1
拉伸面积135(min)(cm^2)				57			105	106
延伸性(mm)				154			168	179
最大阻力(E.U)				261			468	534
烘焙评价								
面包体积(ml)								
面包评分								
蒸煮评价								
面条评分			88.0		87.0		83.0	83.0

（续表）

样品编号	2017CC008	2017CC006	2017CC027	170284	170274	170064	170347	170200
品种名称	长航 1 号	长航 1 号	长航 1 号	镇麦 12	镇麦 12	郑麦 119	中育 1123	众麦 1 号
达标类型	MS	MS	MG	—	—	Z3	—	MS
样品信息								
样品来源	陕西长武	陕西长武	陕西长武	江苏泰兴	江苏如东	河南延津	河南邓州	河南孟津
种植面积(亩)	150	280	100	50	3	360	10	300
大户姓名	张万玉	李海成	张伍科	戴跃民	赵正祥	郭卫华	郑朝印	王新强
籽粒								
硬度指数	68.6	67.4	64.9	70	72	68	77	53
容重(g/L)	809	789	791	824	783	814	808	822
水分(%)	9.8	9.7	8.5	10.1	10.3	11.7	11.4	9.7
粗蛋白(%,干基)	13.8	14.1	12.3	12.1	11.7	15.1	14.4	14.5
降落数值(s)	386	325	344	367	354	359	398	386
面粉								
出粉率(%)	67.4	66.4	71.3	62	62	68	71.0	64
沉淀指数(ml)	46.0	42.5	38.5	31.5	31.0	32.5	36.8	29.5
灰分(%,干基)	0.47	0.4	0.51	0.50	0.71	0.41	0.38	0.54
湿面筋(%,14%湿基)	30.9	31.5	28.2	25.9	26.2	34.0	29.6	30.0
面筋指数				89	85	73	99	74
面团								
吸水量(ml/100g)	61.1	60.1	61.2	61.3	67.6	61.8	65.4	52.4
形成时间(min)	6.8	4.4	5.2	1.7	7.8	6.0	2.0	5.2
稳定时间(min)	9.4	7.2	5.4	11.1	10.6	10.0	8.5	7.0
拉伸面积135(min)(cm^2)	70	87		93	74	131	107	72
延伸性(mm)	146	179		100	103	182	144	124
最大阻力(E.U)	345	365		737	531	558	588	430
烘焙评价								
面包体积(ml)				760	760	810		
面包评分				65.3	65.3	77.5		
蒸煮评价								
面条评分	85.0	85.0	85.0	80.0	80.0			82.0

（续表）

样品编号	170271	170303	170272	170404	170403	170197	170180	170270
品种名称	众麦 1 号	众麦 1 号	众麦 1 号	周麦 23	周麦 23	周麦 26	周麦 27	周麦 27
达标类型	MG	—	—	MS	—	—	—	—
样品信息								
样品来源	河南宜阳	河南平舆	河南宜阳	河南太康	河南太康	河南孟津	河南武陟	河南宜阳
种植面积(亩)	50	1200	30	300	300	100	1000	10
大户姓名	陈若林	徐永生	李汉杰	王全恩	王全恩	王新强	古美安	李忠信
籽粒								
硬度指数	44	66	41	71	70	64	63	68
容重(g/L)	798	812	827	774	786	795	769	800
水分(%)	10.8	10.2	10.5	10.0	10.2	9.7	10.1	10.2
粗蛋白(%,干基)	15.6	12.0	12.2	15.4	12.2	11.9	13.1	12.5
降落数值(s)	358	374	365	425	416	371	303	416
面粉								
出粉率(%)	61	61	65	72.0	74.2	67	67	63
沉淀指数(ml)	42.5	23.5	17.0	34.0	32.0	31.5	25.0	24.5
灰分(%,干基)	0.55	0.54	0.57	0.50	0.38	0.42	0.53	0.44
湿面筋(%,14%湿基)	34.2	28.6	26.3	31.4	26.0	28.0	28.4	28.7
面筋指数	77	91	57	90	95	88	74	76
面团								
吸水量(ml/100g)	57.2	59.0	54.1	59.9	59.2	53.1	56.8	59.1
形成时间(min)	3.3	3.8	1.5	4.2	4.3	6.2	4.0	3.8
稳定时间(min)	4.6	7.7	1.1	6.2	6.4	9.4	9.2	7.6
拉伸面积135(min)(cm^2)		60				92	53	48
延伸性(mm)		138				160	123	128
最大阻力(E.U)		331				542	320	263
烘焙评价								
面包体积(ml)							750	750
面包评分							71.5	71.5
蒸煮评价								
面条评分	82.0	82.0		84.0	84.0	85.0	78.0	78.0

（续表）

样品编号	170350	170474
品种名称	周麦 27	周麦 27
达标类型	—	—
样品信息		
样品来源	河南沈丘	河南商水
种植面积(亩)	800	1200
大户姓名	褚全华	张明明
籽粒		
硬度指数	75	67
容重(g/L)	821	822
水分(%)	11.4	10.9
粗蛋白(%,干基)	12.5	12.5
降落数值(s)	420	399
面粉		
出粉率(%)	73.2	69
沉淀指数(ml)	23.0	21.5
灰分(%,干基)	0.51	0.73
湿面筋(%,14%湿基)	25.2	27.1
面筋指数	76	89
面团		
吸水量(ml/100g)	59.7	58.7
形成时间(min)	3.3	3.3
稳定时间(min)	6.6	6.1
拉伸面积135(min)(cm^2)		
延伸性(mm)		
最大阻力(E.U)		
烘焙评价		
面包体积(ml)		
面包评分		
蒸煮评价		
面条评分	82.0	78.0

4 中筋小麦

4.1 样品综合指标

中国中筋小麦中，达到郑州商品交易所强筋小麦交割标准（Z）的样品 4 份；达到中强筋小麦标准（MS）的样品 23 份（图 4–1）；达到中筋小麦标准（MG）的样品 170 份；未达标（—）样品 199 份。达标小麦比例（图 4–2），中筋小麦抽样县（区、市、旗），如图 4–3 所示。

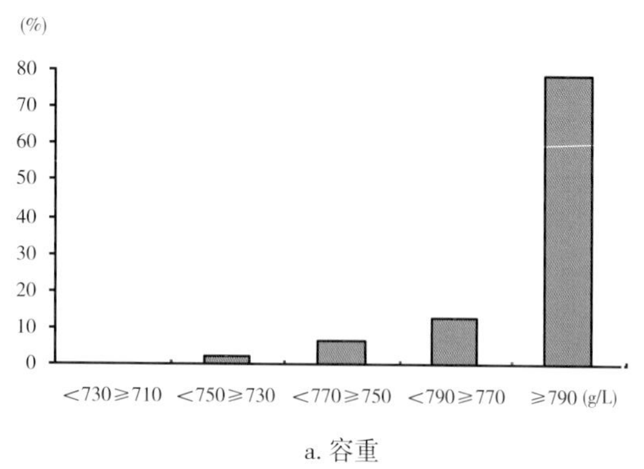

a. 容重

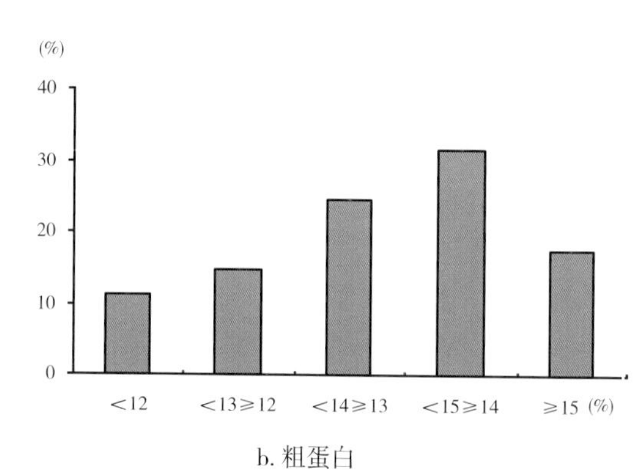

b. 粗蛋白

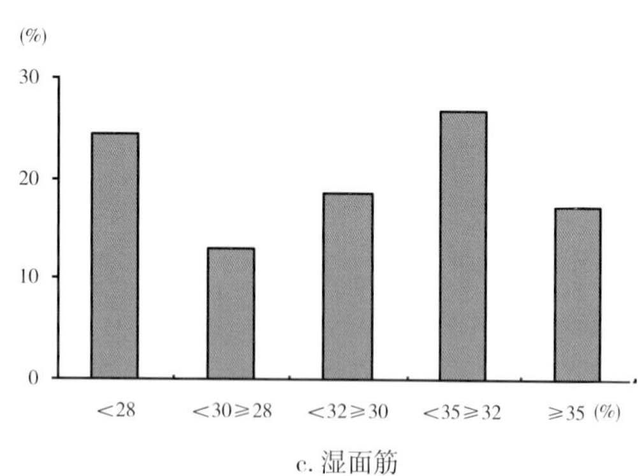

c. 湿面筋

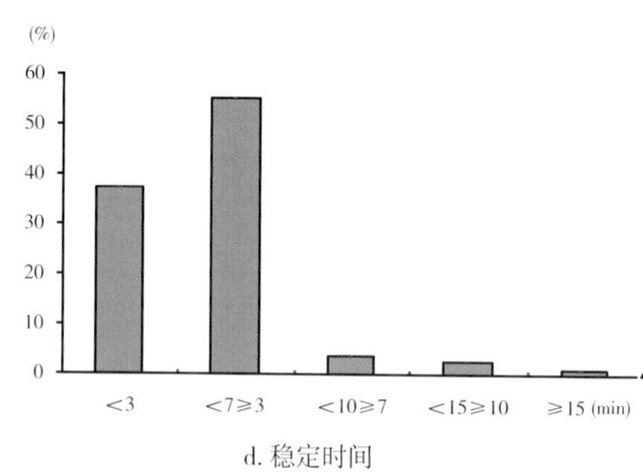

d. 稳定时间

图 4–1 中筋小麦主要品质指标特征

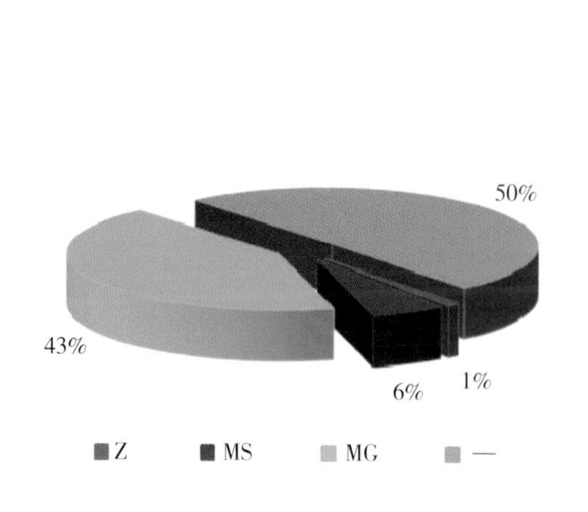

图 4–2 达标小麦样品比例

图 4–3 中筋小麦抽样县（区、市、旗）

4.2 样本质量

中国中筋小麦样品质量分析统计，如下表所示。

表 样品质量分析统计

样品编号	170208	170156	170292	170333	170196	170220	170381	170166
品种名称	+N1898	矮大穗7086	矮抗 70	百农 207	百农 207	百农 207	百农 207	百农 207
达标类型	—	MG	MS	MS	MG	MG	MG	—
样品信息								
样品来源	山东曹县	河北南和	山东郓城	河南项城	河南滑县	河南卫辉	河南浚县	河南原阳
种植面积(亩)	280	100		300	150	120	500	3200
大户姓名	卢莉莉	宁永强	罗述贵	付尺枪	杜焕永	张希林	周位起	赵俊海
籽粒								
硬度指数	63	63	64	64	63	63	70	73
容重(g/L)	751	799	807	804	819	818	824	796
水分(%)	10.6	9.8	10.9	11.7	10.0	10.4	10.4	11.2
粗蛋白(%,干基)	13.8	15.1	13.5	14.3	13.3	15.6	14.5	10.9
降落数值(s)	386	356	385	386	430	390	434	354
面粉								
出粉率(%)	68	66	62	66	69	70	74.2	65
沉淀指数(ml)	23.0	31.0	29.0	29.5	23.5	30.5	35.8	24.0
灰分(%,干基)	0.46	0.95	0.42	0.47	0.55	0.56	0.43	0.76
湿面筋(%,14%湿基)	30.8	36.4	31.9	35.2	33.3	37.2	30.7	24.1
面筋指数	59	59	56	73	55	58	71	96
面团								
吸水量(ml/100g)	59.7	58.8	57.9	58.4	56.3	59.1	59.3	61.5
形成时间(min)	5.7	3.9	3.2	5.2	3.5	3.9	3.5	2.0
稳定时间(min)	5.6	4.7	6.0	6.0	3.7	5.5	4.8	6.6
拉伸面积135(min)(cm^2)								
延伸性(mm)								
最大阻力(E.U)								
烘焙评价								
面包体积(ml)								
面包评分								
蒸煮评价								
面条评分	82.0	81.0	84.0	80.0		80.0	82.0	80.0

（续表）

样品编号	170302	170377	170263	170002	2017CC128	2017CC161	2017CC167	2017CC057
品种名称	百农 207	百农 207	百农 267	沧麦 6005	昌麦 30	赤麦 5 号	赤麦 7 号	川麦 104
达标类型	—	—	MS	MG	—	MG	—	—
样品信息								
样品来源	河南平舆	河南原阳	河南项城	河北黄骅	四川西昌	内蒙古克什克腾旗	内蒙古克什克腾旗	四川富顺
种植面积(亩)	1000	1600	190	200	6000	200	250	
大户姓名	陈小立	闫晋文	年国福	王春峰	王志双	田开山	田开山	罗辅君
籽粒								
硬度指数	63	73	64	62	56.5	55.3	48.5	45.3
容重(g/L)	799	818	816	774	791	817	814	798
水分(%)	11.0	10.8	10.2	9.9	12.2	10.2	8.5	9.1
粗蛋白(%,干基)	12.6	12.8	14.9	14.3	12.6	14.6	12.3	13.1
降落数值(s)	385	409	373	356	275	332	310	305
面粉								
出粉率(%)	63	74.2	63	69	60.4	58.4	64.2	56.9
沉淀指数(ml)	25.5	24.0	32.5	26.0	35.0	26.0	29.5	24.0
灰分(%,干基)	0.79	0.39	0.60	0.90	0.44	0.42	0.33	0.57
湿面筋(%,14%湿基)	30.0	24.5	35.3	36.6	26.7	31.1	26.2	25.5
面筋指数	73	69	58	41				
面团								
吸水量(ml/100g)	57.9	57.3	58.0	58.2	57.4	60.7	56.2	53.3
形成时间(min)	4.3	3.0	4.8	2.5	3.4	5.7	2.8	5.8
稳定时间(min)	7.0	2.6	6.6	3.0	2.2	4.3	6.2	10.9
拉伸面积135(min)(cm^2)	66							137
延伸性(mm)	139							156
最大阻力(E.U)	371							694
烘焙评价								
面包体积(ml)								770
面包评分								74
蒸煮评价								
面条评分	80.0		83.0			82.0	84.0	84.0

（续表）

样品编号	2017CC064	2017CC080	2017CC096	2017CC099	2017CC105	2017CC108	2017CC127	2017CC138
品种名称	川麦 104	川麦 104	川麦 104	川麦 104	川麦 104	川麦 104	川麦 104	川麦 27
达标类型	—	—	—	—	—	—	—	—
样品信息								
样品来源	四川江油	四川广汉	四川中江	四川仪陇	四川仁寿	四川平昌	四川西昌	四川雁江区
种植面积(亩)	720	1000	785	650	1800	100	10000	15
大户姓名	谢升彪	廖兴华	常涛	张彬峰	范琨	方强	王志双	李俊忠
籽粒								
硬度指数	49.9	54.2	54.7	56.8	44.6	51.8	40.2	37.4
容重(g/L)	802	809	817	839	812	776	793	801
水分(%)	11.1	12.5	10.4	10.4	11.5	11.2	10.2	12.5
粗蛋白(%,干基)	10.8	10.7	11.9	12.3	12.1	13.0	13.2	13.5
降落数值(s)	287	332	317	325	306	338	321	226
面粉								
出粉率(%)	66.5	59.7	69.1	66.1	63.2	64.8	62.3	61.2
沉淀指数(ml)	23.0	25.3	38.0	32.5	30.0	36.0	30.5	33.0
灰分(%,干基)	0.53	0.46	0.4	0.46	0.33	0.44	0.5	0.4
湿面筋(%,14%湿基)	18.0	19.6	24.8	24.3	21.5	26.2	26.8	28.2
面筋指数								
面团								
吸水量(ml/100g)	53.8	53.5	55.4	52.8	55.4	52.1	53.7	54.5
形成时间(min)	1.2	1.0	3.5	1.5	1.4	4.9	2.5	4.3
稳定时间(min)	1.2	0.8	4.9	5.8	5.5	9.1	2.2	5.4
拉伸面积135(min)(cm^2)						128		
延伸性(mm)						170		
最大阻力(E.U)						574		
烘焙评价								
面包体积(ml)								
面包评分								
蒸煮评价								
面条评分			82.0	81.0	81.0	82.0		81.0

（续表）

样品编号	2017CC058	170411	2017CC079	2017CC078	2017CC010	2017CC081	170217	170437
品种名称	川麦 48	川麦 60	川麦 60	川麦 61	川麦 62	川育 25	登海 202	鄂麦 170
达标类型	—	—	—	—	MG	—	MG	MG
样品信息								
样品来源	四川富顺	湖北襄州区	四川巴州区	四川巴州区	四川东坡区	四川广汉	山东莱州	湖北枣阳
种植面积(亩)		100	2.3	1.6	100	200	10	112
大户姓名	罗辅君	龚大敏	彭明荣	彭明荣	黄文祥	廖兴华	唐卫杰	秦德然
籽粒								
硬度指数	49.5	58	52.9	53.9	53.7	54.7	64	75
容重(g/L)	754	811	801	814	798	791	842	814
水分(%)	10.1	9.9	7.5	8.6	10.6	11.6	10.6	11.1
粗蛋白(%,干基)	12.7	11.9	12.1	13.6	14.0	11.7	13.9	12.8
降落数值(s)	217	360	315	351	309	322	371	404
面粉								
出粉率(%)	60.9	66.5	64.7	67.2	53.7	66.2	62	67.4
沉淀指数(ml)	25.0	33.3	33.0	23.0	30.0	36.0	25.0	32.0
灰分(%,干基)	0.47	0.44	0.53	0.47	0.44	0.46	0.60	0.43
湿面筋(%,14%湿基)	24.2	20.4	24.4	29.3	30.9	19.6	29.9	26.0
面筋指数		96					63	85
面团								
吸水量(ml/100g)	53.1	53.1	53.4	53.6	51.8	53.0	59.2	61.4
形成时间(min)	1.3	1.2	1.4	4.8	3.5	1.0	4.5	3.7
稳定时间(min)	2.0	1.6	5.2	6.3	5.7	1.2	5.7	4.4
拉伸面积135(min)(cm^2)								
延伸性(mm)								
最大阻力(E.U)								
烘焙评价								
面包体积(ml)								
面包评分								
蒸煮评价								
面条评分							72.0	78.0

（续表）

样品编号	170436	2017CC199	170399	170005	170149	170210	170207	170086
品种名称	鄂麦 26	丰实 001	国麦 301	邯 7086	邯 7086	邯麦 13	邯麦 17	河农 6049
达标类型	—	—	—	MG	MG	MG	MG	MG
样品信息								
样品来源	湖北枣阳	黑龙江爱辉	河南汝南	河北肥乡	河北正定	河北清河	河北临西	河北滦县
种植面积(亩)	40	400	311	180	860	290		680
大户姓名	高光毅	吉忠贤	冀志清	胡朝建	周新房	赵书雨	王秀芳	裴十超
籽粒								
硬度指数	76	55.1	72	66	63	67	66	65
容重(g/L)	810	792	822	810	812	807	834	792
水分(%)	11.3	10.5	11.9	11.8	9.1	12.5	11.1	11.3
粗蛋白(%,干基)	14.4	14.2	15.0	13.9	13.6	13.3	15.1	14.9
降落数值(s)	424	295	454	321	404	321	415	390
面粉								
出粉率(%)	67.1	67.5	73.9	67	69	66	67	67
沉淀指数(ml)	42.0	45.0	32.8	25.0	25.5	24.5	26.0	31.0
灰分(%,干基)	0.40	0.56	0.46	0.44	0.57	0.52	0.47	0.47
湿面筋(%,14%湿基)	30.4	30.0	31.1	32.2	32.8	29.8	31.8	34.1
面筋指数	93		88	53	65	71	58	51
面团								
吸水量(ml/100g)	62.6	62.8	61.1	58.6	59.4	56.9	58.9	57.6
形成时间(min)	10.0	2.5	5.2	4.0	3.2	3.2	3.2	3.8
稳定时间(min)	26.5	2.5	8.7	5.6	2.8	3.6	3.3	3.9
拉伸面积135(min)(cm^2)	113		73					
延伸性(mm)	133		159					
最大阻力(E.U)	689		338					
烘焙评价								
面包体积(ml)	740							
面包评分	72.6							
蒸煮评价								
面条评分				84.0				

（续表）

样品编号	170111	170360	170029	170358	170494	170298	170015	170113
品种名称	河农 6049	河农 6094	河农 6425	河农 6425	河农 7106	河农 826	河农 826	河农 827
达标类型	—	MG	—	—	MG	MG	—	MG
样品信息								
样品来源	河北宁晋	河北定兴	河北三河	河北定兴	山东柏乡	河北柏乡	河北新河	河北南皮
种植面积(亩)	1100	70	130	30	50	260	14	10
大户姓名	刘昭宇	梁满仓	赵光文	梁满仓	张虎	刘史俊	杨占涛	白忠明
籽粒								
硬度指数	65	75	63	71	48	66	64	68
容重(g/L)	819	816	826	788	800	819	822	808
水分(%)	10.6	11.2	10.0	11.1	10.1	11.0	9.8	11.5
粗蛋白(%,干基)	13.3	13.7	13.1	13.7	13.9	14.4	14.6	13.2
降落数值(s)	394	398	221	268	350	439	384	366
面粉								
出粉率(%)	68	71.8	70	73.2	66	69	70	66
沉淀指数(ml)	22.5	25.0	25.5	24.0	24.5	31.5	26.0	25.5
灰分(%,干基)	0.50	0.48	0.94	0.44	0.45	0.50	1.01	0.45
湿面筋(%,14%湿基)	31.4	26.4	31.6	29.6	32.3	36.4	33.4	30.8
面筋指数	49	71	57	71	74	60	43	67
面团								
吸水量(ml/100g)	59.3	62.2	61.7	58.5	54.0	59.0	61.8	59.1
形成时间(min)	2.3	2.9	4.7	2.7	2.5	3.2	2.5	2.3
稳定时间(min)	1.8	4.2	3.6	2.7	2.7	3.1	2.3	2.7
拉伸面积135(min)(cm^2)								
延伸性(mm)								
最大阻力(E.U)								
烘焙评价								
面包体积(ml)								
面包评分								
蒸煮评价								
面条评分		80.0						

（续表）

样品编号	170076	2017CC159	170032	170171	170115	170014	170317	170011
品种名称	河农 9206	黑小麦	黑小麦	衡 136	衡 4399	衡 6632	衡 6632	衡 S－29
达标类型	—	MG	—	—	—	MG	—	—
样品信息								
样品来源	河北南皮	黑龙江嫩江	河北任丘	河南社旗	河北正定	河北新河	河北桃城区	河北桃城区
种植面积(亩)	111	750	200	1200	400	10	50	50
大户姓名	曹春亭	董德峰	张亚军	唐道丽	谢立建	杨占涛	孙大合	李金生
籽粒								
硬度指数	67	57.6	64	69	63	66	65	58
容重(g/L)	820	817	808	828	849	787	821	802
水分(%)	11.5	11.9	9.9	11.7	10.1	9.8	10.9	9.7
粗蛋白(%,干基)	14.2	13.1	15.3	9.9	13.8	12.2	13.9	13.9
降落数值(s)	371	311	353	386	407	381	357	317
面粉								
出粉率(%)	65	66.9	68	65	70	67	70	72
沉淀指数(ml)	28.5	45.0	30.0	15.5	23.0	24.5	23.5	23.0
灰分(%,干基)	0.61	0.38	0.98	0.54	0.50	0.99	0.53	0.69
湿面筋(%,14%湿基)	32.0	27.8	38.2	20.1	34.8	27.0	32.8	32.8
面筋指数	59		64	68	62	55	43	47
面团								
吸水量(ml/100g)	60.1	60.8	59.9	58.6	60.2	59.4	59.2	55.4
形成时间(min)	2.9	5.0	3.3	5.0	2.3	3.2	2.4	1.9
稳定时间(min)	2.3	5.6	6.5	5.3	1.7	3.8	1.8	1.2
拉伸面积135(min)(cm^2)								
延伸性(mm)								
最大阻力(E.U)								
烘焙评价								
面包体积(ml)								
面包评分								
蒸煮评价								
面条评分		72.0	78.0	87.0				

（续表）

样品编号	170117	170165	170173	170349	170004	170112	170121	170157
品种名称	衡观 35	衡观 35	衡观 35	衡观 35	衡观 35	衡观 35	衡观 35	衡观 35
达标类型	MG	MG	MG	MG	—	—	—	—
样品信息								
样品来源	河南唐河	河北正定	河北枣强	河南邓州	河北肥乡	河北南皮	河北吴桥	河北枣强
种植面积(亩)	2000	600	150	1500	1000	15	50	260
大户姓名	尹中原	谢立建	王洪图	郭春生	胡朝建	白忠明	徐志恒	贺占明
籽粒								
硬度指数	70	64	62	73	62	61	61	66
容重(g/L)	832	840	834	827	809	827	806	830
水分(%)	11.7	10.0	9.7	11.2	9.9	11.4	9.6	10.5
粗蛋白(%,干基)	12.2	14.0	14.1	12.9	13.6	14.3	14.8	13.3
降落数值(s)	358	387	400	397	344	367	387	382
面粉								
出粉率(%)	62	71	70	72.1	69	69	69	69
沉淀指数(ml)	20.5	26.0	24.5	26.0	25.0	23.5	25.5	21.5
灰分(%,干基)	0.94	0.49	0.45	0.40	0.66	0.46	0.66	0.74
湿面筋(%,14%湿基)	26.2	32.3	33.6	26.2	30.4	32.5	36.3	31.4
面筋指数	71	58	52	83	55	50	56	48
面团								
吸水量(ml/100g)	60.2	62.9	59.5	63.0	60.6	59.2	60.5	61.1
形成时间(min)	2.7	4.5	3.7	4.5	3.2	2.0	3.3	2.7
稳定时间(min)	2.7	3.1	2.8	3.7	2.0	1.1	2.1	1.7
拉伸面积135(min)(cm^2)								
延伸性(mm)								
最大阻力(E.U)								
烘焙评价								
面包体积(ml)								
面包评分								
蒸煮评价								
面条评分				81.0				

（续表）

样品编号	170182	170352	170430	170408	170170	170227	170275	170228
品种名称	衡观 35	衡观 35	衡观 35	华麦 2152	华麦 5 号	华麦 5 号	华麦 5 号	华麦 6 号
达标类型	—	—	—	—	—	—	—	—
样品信息								
样品来源	湖北枣阳	河南邓州	湖北枣阳	湖北襄州区	江苏如东	江苏如东	江苏如东	江苏如东
种植面积(亩)	65	65	20	300	170	100	3.5	200
大户姓名	汪愉快	周定锋	郭华	马光遂	邵建泉	王永生	赵正祥	周玉兵
籽粒								
硬度指数	64	73	73	75	51	54	64	69
容重(g/L)	748	810	800	789	816	809	803	820
水分(%)	10.3	10.9	8.9	9.9	11.0	11.1	10.1	12.0
粗蛋白(%,干基)	14.4	12.5	11.6	13.4	10.9	11.0	11.9	10.3
降落数值(s)	341	395	377	312	368	350	318	398
面粉								
出粉率(%)	62	71.8	65.7	67.7	67	65	67	60
沉淀指数(ml)	29.5	24.3	24.3	25.3	16.5	19.5	25.5	19.5
灰分(%,干基)	0.57	0.41	0.53	0.34	0.41	0.64	0.45	0.39
湿面筋(%,14%湿基)	32.8	24.8	20.2	26.0	23.7	23.0	29.6	21.7
面筋指数	65	71	85	90	76	71	57	89
面团								
吸水量(ml/100g)	60.4	61.2	60.9	55.9	51.5	53.0	58.3	55.7
形成时间(min)	7.2	3.5	2.7	3.8	1.5	1.7	2.2	4.7
稳定时间(min)	7.2	3.9	5.4	6.2	4.0	2.2	3.0	7.0
拉伸面积135(min)(cm^2)	69							45
延伸性(mm)	149							122
最大阻力(E.U)	324							278
烘焙评价								
面包体积(ml)								
面包评分								
蒸煮评价								
面条评分	82.0	81.0	81.0	78.0	90.0			90.0

（续表）

样品编号	170102	170192	170281	170158	170259	170329	170396	170033
品种名称	淮麦 33	淮麦 33	淮麦 66	济麦 22	济麦 22	济麦 22	济麦 22	济麦 22
达标类型	MS	—	—	MS	MS	MS	MS	MG
样品信息								
样品来源	河南淇县	江苏泗洪	河南宜阳	河北南和	山东济阳	山东 牡丹区	山东 峄城区	河北南和
种植面积(亩)	500	308	20	400	40		100	400
大户姓名	刘明元	吴新忠	李汉杰	宁永强	王长鹏	苏传刚	陈伟	李献辉
籽粒								
硬度指数	64	66	69	62	65	66	74	66
容重(g/L)	819	813	830	815	772	805	789	824
水分(%)	10.5	10.7	10.3	9.6	10.9	10.7	11.2	11.6
粗蛋白(%,干基)	14.2	11.6	12.5	16.3	15.6	14.8	14.5	15.6
降落数值(s)	366	388	390	338	390	367	396	336
面粉								
出粉率(%)	70	66	68	69	67	66	69.8	66
沉淀指数(ml)	31.0	21.5	22.5	32.5	34.5	30.5	32.3	33.0
灰分(%,干基)	0.50	0.51	0.44	0.41	0.41	0.45	0.41	0.90
湿面筋(%,14%湿基)	34.6	28.8	31.3	40.0	33.9	34.8	29.1	34.5
面筋指数	67	62	58	58	65	69	79	64
面团								
吸水量(ml/100g)	57.8	59.2	58.7	60.2	59.2	63.2	61.5	60.3
形成时间(min)	4.2	2.4	2.2	3.7	4.7	4.8	4.7	3.5
稳定时间(min)	11.7	2.2	2.1	6.1	6.9	11.1	6.7	4.0
拉伸面积135(min)(cm^2)	75					74		
延伸性(mm)	170					155		
最大阻力(E.U)	314					372		
烘焙评价								
面包体积(ml)								
面包评分								
蒸煮评价								
面条评分	87.0			85.0	85.0	85.0	83.0	85.0

（续表）

样品编号	170052	170069	170071	170078	170084	170099	170153	170154
品种名称	济麦 22	济麦 22	济麦 22	济麦 22	济麦 22	济麦 22	济麦 22	济麦 22
达标类型	MG	MG	MG	MG	MG	MG	MG	MG
样品信息								
样品来源	山东即墨	山西夏县	山东齐河	山东沂南	山东武城	山东胶州	河北晋州	山东滕州
种植面积(亩)	450	20	150	13	300	300	300	120
大户姓名	李君先	王利峰	姜其民	苏庆收	李庆双	杜高古	陈占水	顾士生
籽粒								
硬度指数	64	67	67	65	66	63	63	66
容重(g/L)	789	805	804	818	820	772	804	784
水分(%)	11.2	11.4	11.5	10.8	11.4	11.1	9.2	10.8
粗蛋白(%,干基)	16.8	14.0	14.5	14.8	14.0	16.7	14.0	15.2
降落数值(s)	365	356	354	359	377	375	361	382
面粉								
出粉率(%)	67	69	68	66	67	66	68	68
沉淀指数(ml)	30.5	25.5	30.5	33.5	26.0	33.5	27.0	26.5
灰分(%,干基)	0.62	0.52	0.47	0.80	0.87	0.60	0.74	0.46
湿面筋(%,14%湿基)	38.4	31.6	33.4	34.3	31.5	40.9	34.5	35.1
面筋指数	48	51	60	48	60	54	52	52
面团								
吸水量(ml/100g)	60.1	64.6	60.8	61.5	58.6	60.8	59.2	59.4
形成时间(min)	3.0	2.5	3.3	3.5	3.0	3.0	2.5	4.3
稳定时间(min)	3.1	3.7	2.9	3.6	3.4	2.8	2.7	5.4
拉伸面积135(min)(cm^2)								
延伸性(mm)								
最大阻力(E.U)								
烘焙评价								
面包体积(ml)								
面包评分								
蒸煮评价								
面条评分								85.0

（续表）

样品编号	170213	170215	170241	170262	170291	170295	170296	170297
品种名称	济麦 22	济麦 22	济麦 22	济麦 22	济麦 22	济麦 22	济麦 22	济麦 22
达标类型	MG	MG	MG	MG	MG	MG	MG	MG
样品信息								
样品来源	山东乐陵	山东乐陵	山东郓城	山东邹城	山东肥城	山东定陶	山东商河	山东商河
种植面积(亩)	2400	200	400	102.5	200		410	210
大户姓名	樊增邦	梁勇	王振峰	薛怀宏	宗德刚	张振乾	武贵斌	刘学全
籽粒								
硬度指数	62	64	67	66	63	64	66	66
容重(g/L)	823	822	827	813	799	816	811	810
水分(%)	10.2	10.2	11.7	10.4	10.0	10.5	10.0	10.9
粗蛋白(%,干基)	14.1	14.7	17.0	13.3	14.3	12.8	13.1	13.2
降落数值(s)	390	385	372	394	334	391	415	411
面粉								
出粉率(%)	68	67	68	67	65	69	67	68
沉淀指数(ml)	28.0	25.0	32.5	24.5	31.0	25.5	28.0	30.5
灰分(%,干基)	0.54	0.62	0.58	0.93	0.39	0.39	0.40	0.39
湿面筋(%,14%湿基)	32.6	34.1	34.8	33.9	35.7	28.6	30.9	30.7
面筋指数	52	62	46	45	58	67	59	67
面团								
吸水量(ml/100g)	61.0	59.8	58.1	60.4	60.6	56.3	57.2	58.1
形成时间(min)	2.7	2.4	3.2	2.7	3.5	2.0	3.0	3.2
稳定时间(min)	3.1	3.0	4.8	3.3	3.3	5.8	4.5	4.1
拉伸面积135(min)(cm^2)								
延伸性(mm)								
最大阻力(E.U)								
烘焙评价								
面包体积(ml)								
面包评分								
蒸煮评价								
面条评分			85.0			85.0	85.0	85.0

（续表）

样品编号	170330	170356	170364	170371	170383	170392	170406	170421
品种名称	济麦 22	济麦 22	济麦 22	济麦 22	济麦 22	济麦 22	济麦 22	济麦 22
达标类型	MG	MG	MG	MG	MG	MG	MG	MG
样品信息								
样品来源	山东齐河	山东安丘	山东高密	山东章丘	山东东平	山东东平	山东梁山	山东东明
种植面积(亩)	61	1000	400		170	90	400	100
大户姓名	孙玉春	李致富	魏蒙	李堃	翟远进	张加军	李绪秋	王子亭
籽粒								
硬度指数	64	68	72	72	72	74	72	74
容重(g/L)	793	808	798	812	798	816	796	810
水分(%)	11.0	10.9	10.6	10.5	10.8	11.0	9.6	10.1
粗蛋白(%,干基)	14.6	14.8	15.4	14.9	15.1	14.2	13.5	14.5
降落数值(s)	372	392	344	413	348	356	403	422
面粉								
出粉率(%)	67	70.0	71.4	71.5	71.3	72.5	70.9	69.4
沉淀指数(ml)	30.5	31.5	30.0	30.0	32.0	30.0	29.3	31.3
灰分(%,干基)	0.43	0.44	0.45	0.43	0.45	0.45	0.44	0.42
湿面筋(%,14%湿基)	35.2	31.5	32.7	29.5	30.2	25.9	28.2	29.6
面筋指数	54	66	63	68	56	60	69	60
面团								
吸水量(ml/100g)	59.7	60.5	63.8	61.9	61.6	63.0	63.3	63.4
形成时间(min)	3.4	3.9	3.0	3.2	2.8	3.2	2.8	3.5
稳定时间(min)	3.5	5.4	4.1	2.6	4.5	3.1	3.0	3.8
拉伸面积135(min)(cm^2)								
延伸性(mm)								
最大阻力(E.U)								
烘焙评价								
面包体积(ml)								
面包评分								
蒸煮评价								
面条评分		83.0	83.0	83.0	83.0	83.0	83.0	83.0

（续表）

样品编号	170423	170492	170498	170017	170023	170054	170073	170127
品种名称	济麦 22	济麦 22	济麦 22	济麦 22	济麦 22	济麦 22	济麦 22	济麦 22
达标类型	MG	MG	MG	—	—	—	—	—
样品信息								
样品来源	山东临邑	山东汶上	山东兰陵农场	山西侯马	山东牡丹区	山东济阳	山东庆云	河北河间
种植面积(亩)	120	3000	165	425	150	160	500	1000
大户姓名	魏德东	张虎	刘广明	王晓平	郭宪峰	李淑青	郝战峰	沈焕秋
籽粒								
硬度指数	72	64	65	63	64	69	66	63
容重(g/L)	815	792	824	806	814	790	831	829
水分(%)	9.1	11.2	9.8	9.1	10.6	10.7	10.4	10.0
粗蛋白(%,干基)	14.7	15.1	13.0	13.4	15.1	14.4	12.7	15.1
降落数值(s)	400	415	414	258	389	285	338	405
面粉								
出粉率(%)	68.4	70	64	67	69	61	67	69
沉淀指数(ml)	30.0	30.5	29.5	24.5	26.5	25.0	26.5	25.5
灰分(%,干基)	0.37	0.41	0.51	0.44	0.55	0.46	0.60	0.52
湿面筋(%,14%湿基)	29.0	33.7	29.9	32.3	34.6	34.2	31.9	35.3
面筋指数	59	63	76	56	44	52	56	44
面团								
吸水量(ml/100g)	62.7	61.1	57.7	59.5	61.6	63.8	60.1	60.3
形成时间(min)	3.3	3.2	2.2	2.0	2.5	2.5	2.8	2.5
稳定时间(min)	3.5	4.0	5.1	1.7	1.9	3.2	2.0	2.0
拉伸面积135(min)(cm^2)								
延伸性(mm)								
最大阻力(E.U)								
烘焙评价								
面包体积(ml)								
面包评分								
蒸煮评价								
面条评分	83.0	85.0	85.0					

（续表）

样品编号	170144	170163	170268	170312	170354	170379	170425	170453
品种名称	济麦 22	济麦 22	济麦 22	济麦 22	济麦 22	济麦 22	济麦 22	济麦 22
达标类型	—	—	—	—	—	—	—	—
样品信息								
样品来源	山东即墨	河北清河	山西尧都区	山东博兴	山东安丘	山东寿光	山东肥城	山西冀城
种植面积(亩)	153	100	50	622	600	200	100	
大户姓名	吴希杰	田国安	田金碾	耿金光	逄作棋	王春光	汪西军	李连生
籽粒								
硬度指数	62	65	66	65	73	73	70	66
容重(g/L)	801	759	813	807	769	812	796	824
水分(%)	9.9	10.3	10.5	10.6	11.1	10.4	9.5	10.6
粗蛋白(%,干基)	17.0	14.6	12.7	14.3	18.2	13.2	16.1	13.8
降落数值(s)	289	414	335	384	376	360	296	319
面粉								
出粉率(%)	66	68	67	68	69.4	72.3	67.3	67
沉淀指数(ml)	31.5	24.5	23.5	23.5	35.3	28.3	37.3	32.0
灰分(%,干基)	0.89	0.79	0.52	0.39	0.46	0.44	0.36	0.80
湿面筋(%,14%湿基)	41.4	34.1	31.6	35.9	36.2	28.3	32.4	34.7
面筋指数	49	58	34	40	60	66	69	53
面团								
吸水量(ml/100g)	62.5	61.6	59.8	60.0	61.5	62.7	63.7	63.0
形成时间(min)	3.2	2.7	2.0	2.3	4.4	3.0	3.8	2.7
稳定时间(min)	2.8	4.6	1.8	1.9	6.2	2.4	6.2	2.2
拉伸面积135(min)(cm^2)								
延伸性(mm)								
最大阻力(E.U)								
烘焙评价								
面包体积(ml)								
面包评分								
蒸煮评价								
面条评分		85.0			83.0	83.0	83.0	

（续表）

样品编号	170457	170468	170488	170500	170077	170150	170001	170081
品种名称	济麦 22	济麦 22	济麦 22	济麦 22	济麦 585	冀麦 22	冀麦 32	冀麦 32
达标类型	—	—	—	—	—	MG	—	—
样品信息								
样品来源	山东临清	河北 高碑店	山东郯城	山东禹城	河北南皮	河北宁晋	河北黄骅	河北盐山
种植面积(亩)	800	240	200		105	1300	500	8
大户姓名	卢琰	李树强	杜启乐	刘天仁	曹春亭	张军永	王春峰	邢俊珍
籽粒								
硬度指数	63	63	65	63	61	64	63	66
容重(g/L)	759	814	803	768	817	823	764	768
水分(%)	11.1	9.9	11.1	10.5	11.4	10.1	10.2	11.5
粗蛋白(%,干基)	13.9	13.1	11.9	13.9	14.4	14.2	15.4	13.2
降落数值(s)	349	396	361	430	328	377	301	328
面粉								
出粉率(%)	68	68	69	70	61	67	69	70
沉淀指数(ml)	29.0	24.5	21.0	29.5	16.5	29.5	32.0	23.5
灰分(%,干基)	0.40	0.69	0.61	0.42	0.95	0.48	0.61	0.63
湿面筋(%,14%湿基)	33.0	32.8	27.3	32.6	27.3	33.7	36.7	30.3
面筋指数	64	56	81	66	47	49	58	65
面团								
吸水量(ml/100g)	58.3	62.7	57.2	60.0	61.7	58.8	58.4	55.5
形成时间(min)	2.8	2.5	1.8	2.8	2.7	2.7	2.7	2.0
稳定时间(min)	3.3	2.4	4.2	3.3	1.4	2.5	3.0	1.5
拉伸面积135(min)(cm^2)								
延伸性(mm)								
最大阻力(E.U)								
烘焙评价								
面包体积(ml)								
面包评分								
蒸煮评价								
面条评分			85.0					

（续表）

样品编号	170147	170003	170026	170167	170269	170070	2017CC197	170019
品种名称	冀麦 325	捷麦 19	晋麦 47	晋麦 47	晋麦 97	京东 22	科春 6 号	科大－神农 1 号
达标类型	—	—	Z3/MS	—	—	—	MS	—
样品信息								
样品来源	山西新绛	河北黄骅	山西平陆	山西乡宁	山西尧都区	河北望都	黑龙江爱辉	河南伊川
种植面积(亩)	220	300	20	5		500	225	100
大户姓名	南青太	王春峰	康峰	杨建军	焦武郎	刘振英	吉忠贤	申少波
籽粒								
硬度指数	65	63	62	63	64	65	99.6	63
容重(g/L)	814	756	795	781	775	827	810	794
水分(%)	9.8	10.4	8.1	10.8	10.1	10.7	9.7	11.4
粗蛋白(%,干基)	13.0	14.4	16.0	16.7	15.5	14.0	13.7	15.3
降落数值(s)	295	323	400	198	334	243	302	265
面粉								
出粉率(%)	69	67	69	64	65	69	70.8	67
沉淀指数(ml)	20.5	32.0	37.0	38.0	28.5	20.0	38.0	25.0
灰分(%,干基)	0.55	0.91	0.43		0.41	0.45	0.49	0.55
湿面筋(%,14%湿基)	30.3	33.9	38.8	38.7	40.6	32.7	29.2	38.5
面筋指数	54	51	63	42	23	47		48
面团								
吸水量(ml/100g)	57.1	57.4	60.8	61.3	59.1	59.0	60.4	58.5
形成时间(min)	2.3	3.2	6.5	3.5	2.2	2.7	3.3	2.4
稳定时间(min)	1.7	3.3	12.7	2.7	1.4	1.3	6.2	1.6
拉伸面积135(min)(cm^2)			93					
延伸性(mm)			187					
最大阻力(E.U)			356					
烘焙评价								
面包体积(ml)								
面包评分								
蒸煮评价								
面条评分			86.0				80.0	

（续表）

样品编号	170020	170018	2017CC126	2017CC125	2017CC166	2017CC165	2017CC190	170499
品种名称	科大－神农 2 号	科大－神农 3 号	克春 9 号	克春 9 号	克麦 4 号	克麦 5 号	垦九 10	垦星 1 号
达标类型	—	—	MG	—	—	MG	—	—
样品信息								
样品来源	河南伊川	河南伊川	黑龙江嫩江	黑龙江呼玛	内蒙古克什克腾旗	内蒙古克什克腾旗	黑龙江爱辉	山东兰陵农场
种植面积(亩)	100	100		450	400	50	300	180
大户姓名	申少波	申少波	刘少军	刘瑞田	郭连军	主俊岭	刘海亭	张玉亮
籽粒								
硬度指数	66	42	61.5	57.1	61.1	59.0	61.4	66
容重(g/L)	792	797	808	824	842	800	803	818
水分(%)	10.2	10.3	10.2	10.1	10.5	10.5	10.7	9.8
粗蛋白(%,干基)	15.7	15.8	12.7	12.3	10.8	13.2	14.4	13.3
降落数值(s)	299	354	377	280	305	361	212	435
面粉								
出粉率(%)	67	63	65.6	63.6	71.8	72.7	70.4	63
沉淀指数(ml)	37.0	27.0	31.0	31.0	37.0	34.0	33.0	22.0
灰分(%,干基)	0.65	0.95	0.37	0.5	0.5	0.39	0.49	0.90
湿面筋(%,14%湿基)	39.8	37.6	26.4	21.8	23.0	28.1	30.8	33.6
面筋指数	69	49						55
面团								
吸水量(ml/100g)	63.7	53.1	61.9	59.2	63.7	62.2	65.9	59.5
形成时间(min)	6.0	2.0	3.2	1.9	2.9	4.5	2.5	3.0
稳定时间(min)	8.9	1.5	3.7	1.7	3.5	5.2	2.6	2.3
拉伸面积135(min)(cm^2)	96							
延伸性(mm)	173							
最大阻力(E.U)	424							
烘焙评价								
面包体积(ml)	870							
面包评分	85.0							
蒸煮评价								
面条评分			76.0		75.0	80.0		

（续表）

样品编号	170439	2017CC036	170464	2017CC034	2017CC050	2017CC139	2017CC051	2017CC035
品种名称	兰陵 9023	兰天 132	兰天 28	兰天 31	兰天 34	兰天 34	兰天 36	兰天 538
达标类型	—	—	—	MG	MG	—	—	—
样品信息								
样品来源	湖北枣阳	甘肃清水	甘肃镇原	甘肃清水	甘肃两当	甘肃徽县	甘肃两当	甘肃清水
种植面积(亩)	21	50	3000	30	1	20	1	60
大户姓名	马金柱	张小龙	焦金学	张小龙	王成	李宽瑜	张建云	张小龙
籽粒								
硬度指数	79	65.5	65	68.3	67.7	53.6	66.2	61.4
容重(g/L)	798	779	785	810	785	766	794	764
水分(%)	11.1	10.7	10.3	11.3	10.2	11.6	8.1	9.9
粗蛋白(%,干基)	11.8	10.0	13.6	12.3	12.6	13.3	12.2	9.8
降落数值(s)	372	344	336	359	305	315	276	338
面粉								
出粉率(%)	65.2	72.3	64	73.2	63.1	67.5	70.1	73.9
沉淀指数(ml)	39.0	17.0	24.5	30.0	34.0	24.0	38.5	22.0
灰分(%,干基)	0.52	0.4	0.69	0.49	0.43	0.5	0.57	0.45
湿面筋(%,14%湿基)	32.3	18.9	32.4	25.2	26.4	26.6	26.2	16.8
面筋指数	99		70					
面团								
吸水量(ml/100g)	63.0	55.3	62.5	57.8	60.9	57.3	59.6	56.9
形成时间(min)	2.0	1.5	2.8	2.7	2.8	2.3	1.8	1.5
稳定时间(min)	1.5	1.8	1.8	3.5	2.7	1.1	5.6	1.6
拉伸面积135(min)(cm^2)								
延伸性(mm)								
最大阻力(E.U)								
烘焙评价								
面包体积(ml)								
面包评分								
蒸煮评价								
面条评分				81.0			83.0	

（续表）

样品编号	2017CC037	170107	170024	170393	170336	170420	170424	170447
品种名称	兰天 722	良 718	良星 66	良星 77	良星 77	良星 77	良星 77	良星 77
达标类型	—	—	—	MS	MG	MG	MG	MG
样品信息								
样品来源	甘肃清水	陕西临渭	山西平陆	山东东平	山东莱州	山东东明	山东临邑	山东岱岳区
种植面积(亩)	70	15	25	50	100	70	1050	120
大户姓名	张小龙	潘新良	康峰	张加军	杨维松	王子亭	魏德东	庞慧
籽粒								
硬度指数	65.9	65	63	74	64	74	73	64
容重(g/L)	815	830	803	776	799	807	805	811
水分(%)	10.5	11.0	8.9	10.4	10.2	9.4	9.5	10.8
粗蛋白(%,干基)	12.0	15.4	15.6	16.2	14.8	14.1	14.5	14.2
降落数值(s)	318	148	287	410	439	406	368	373
面粉								
出粉率(%)	72.6	71	68	71.4	68	66.1	68.5	66
沉淀指数(ml)	35.5	37.0	42.0	33.0	30.0	33.0	32.0	29.5
灰分(%,干基)	0.51	0.77	0.83	0.48	0.48	0.38	0.37	0.51
湿面筋(%,14%湿基)	25.5	36.3	38.7	30.6	36.4	27.5	29.3	34.3
面筋指数		56	48	69	71	78	57	71
面团								
吸水量(ml/100g)	57.3	61.5	61.9	63.0	62.6	62.1	63.2	63.7
形成时间(min)	2.5	3.3	3.2	4.0	2.8	2.5	3.3	2.3
稳定时间(min)	2.4	3.2	2.6	6.1	2.7	5.1	4.7	2.8
拉伸面积135(min)(cm^2)								
延伸性(mm)								
最大阻力(E.U)								
烘焙评价								
面包体积(ml)								
面包评分								
蒸煮评价								
面条评分				84.0		84.0	84.0	

（续表）

样品编号	170290	170389	170229	170299	170232	170450	170486	170337
品种名称	良星 77	良星 77	良星 99	良星 99	良星 99	良星 99	良星 99	梁麦 18
达标类型	—	—	MG	MG	—	—	—	—
样品信息								
样品来源	山东肥城	山东岱岳	河北文安	山西尧都区	山西万荣	山西曲沃	山东郯城	山东莱州
种植面积(亩)	100	250	800	30	550	200	200	400
大户姓名	宗德刚	薛丽娜	邵小明	刘海强	李孝斌	范振杰	杜启乐	杨维松
籽粒								
硬度指数	46	75	66	68	65	66	63	61
容重(g/L)	800	801	834	788	823	824	764	812
水分(%)	10.4	11.5	10.3	10.2	10.2	10.2	10.9	10.5
粗蛋白(%,干基)	14.7	15.3	14.2	13.7	14.3	13.4	13.1	15.8
降落数值(s)	134	266	383	357	360	378	395	408
面粉								
出粉率(%)	64	71.2	66	67	66	67	68	68
沉淀指数(ml)	29.5	33.0	27.0	28.5	25.5	23.5	27.0	30.0
灰分(%,干基)	0.55	0.50	0.47	0.53	0.39	0.39	0.76	0.51
湿面筋(%,14%湿基)	35.4	29.7	33.7	32.3	34.1	32.4	28.7	44.3
面筋指数	57	58	54	53	40	55	60	46
面团								
吸水量(ml/100g)	54.4	63.0	57.5	61.9	60.3	61.9	58.7	62.3
形成时间(min)	2.2	3.0	2.0	2.7	2.2	2.2	2.0	2.9
稳定时间(min)	2.1	2.5	2.8	2.7	1.6	1.8	3.7	2.0
拉伸面积135(min)(cm^2)								
延伸性(mm)								
最大阻力(E.U)								
烘焙评价								
面包体积(ml)								
面包评分								
蒸煮评价								
面条评分		84.0						

（续表）

样品编号	170258	170293	170161	170168	170489	170469	170162	170451
品种名称	聊麦 18	聊麦 19	临丰 3 号	临丰 3 号	临丰 3 号	临旱 536	临旱 6 号	临旱 6 号
达标类型	—	—	MG	MG	—	MG	MG	—
样品信息								
样品来源	山东济阳	山东郓城	山西阳城	山西乡宁	山西浮山	山西汾西	山西阳城	山西曲沃
种植面积(亩)	40		50	10	100	70	80	2600
大户姓名	王长鹏	罗述贵	冯国太	藏武龙	贾治安	庞文兆	冯国太	张德刚
籽粒								
硬度指数	64	63	63	64	62	58	65	63
容重(g/L)	785	776	804	783	811	808	797	809
水分(%)	9.6	10.7	9.8	9.5	10.4	10.4	10.1	10.1
粗蛋白(%,干基)	15.8	14.1	12.2	16.2	15.2	16.6	14.8	12.4
降落数值(s)	398	402	419	323	376	443	362	348
面粉								
出粉率(%)	68	61	67	66	70	71	64	67
沉淀指数(ml)	25.0	25.5	31.5	34.0	33.0	41.5	32.5	25.5
灰分(%,干基)	0.43	0.48	0.40	0.68	0.40	0.68	0.42	0.44
湿面筋(%,14%湿基)	38.1	33.0	30.2	37.8	35.9	43.3	33.0	27.4
面筋指数	26	62	50	48	50	61	60	67
面团								
吸水量(ml/100g)	60.5	56.0	56.9	62.1	60.5	62.4	60.6	59.0
形成时间(min)	2.7	2.5	4.2	3.2	2.7	3.5	2.7	2.2
稳定时间(min)	2.0	2.0	4.8	3.8	1.8	3.4	3.9	2.4
拉伸面积135(min)(cm^2)								
延伸性(mm)								
最大阻力(E.U)								
烘焙评价								
面包体积(ml)								
面包评分								
蒸煮评价								
面条评分			89.0					

（续表）

样品编号	170079	170128	170495	2017CC042	170463	170306	170083	170034
品种名称	临麦 4 号	临麦 4 号	临麦 4 号	隆麦 813	陇鉴 107	鲁麦 21	鲁原 502	鲁原 502
达标类型	MG	—	—	MG	—	—	MS	MG
样品信息								
样品来源	山东沂南	山东临沭	山东临沭	陕西 长安区	甘肃镇原	山东海阳	山东武城	河北南和
种植面积(亩)	21	60	50		1300	100	1000	600
大户姓名	苏庆收	王玉华	吴清峰	张利斌	焦金学	姜学	李庆双	李献辉
籽粒								
硬度指数	67	57	53	68.5	62	51	66	63
容重(g/L)	809	802	806	784	797	781	797	796
水分(%)	11.4	10.3	9.8	9.3	10.1	10.8	11.3	10.1
粗蛋白(%,干基)	13.2	10.7	12.7	15.6	15.0	11.5	14.3	14.0
降落数值(s)	350	405	389	319	233	334	400	372
面粉								
出粉率(%)	69	64	65	70.3	64	65	67	69
沉淀指数(ml)	24.0	16.5	21.5	37.0	29.5	27.5	29.0	28.0
灰分(%,干基)	0.57	0.40	0.80	0.38	0.41	0.41	0.67	0.66
湿面筋(%,14%湿基)	30.3	23.9	32.1	35.2	42.1	27.8	30.6	30.5
面筋指数	68	61	51		57	67	57	69
面团								
吸水量(ml/100g)	58.3	53.5	56.7	65.0	61.9	52.1	61.1	60.8
形成时间(min)	3.3	1.9	2.0	5.3	3.2	1.8	2.7	3.0
稳定时间(min)	4.3	2.2	1.4	3.9	2.4	4.2	6.4	3.5
拉伸面积135(min)(cm^2)								
延伸性(mm)								
最大阻力(E.U)								
烘焙评价								
面包体积(ml)								
面包评分								
蒸煮评价								
面条评分	82.0			78.0		86.0	83.0	

（续表）

样品编号	170055	170066	170068	170080	170088	170142	170193	170239
品种名称	鲁原 502	鲁原 502	鲁原 502	鲁原 502	鲁原 502	鲁原 502	鲁原 502	鲁原 502
达标类型	MG	MG	MG	MG	MG	MG	MG	MG
样品信息								
样品来源	河北涿州	山东陵城区	山西夏县	山东沂南	山东惠民	山东即墨	河北任县	山东郓城
种植面积(亩)	420	1080	20	18	176	101	40	200
大户姓名	张秀明	王文昌	王利峰	苏庆收	杨秀平	吴希杰	刘合宾	王振峰
籽粒								
硬度指数	68	67	67	66	66	64	66	66
容重(g/L)	791	789	806	779	789	783	813	773
水分(%)	11.3	11.2	11.0	10.6	9.9	9.3	10.5	11.3
粗蛋白(%,干基)	13.8	12.7	13.9	14.5	14.2	17.0	13.8	14.3
降落数值(s)	343	382	353	377	436	438	366	371
面粉								
出粉率(%)	66	68	68	67	67	66	68	67
沉淀指数(ml)	22.5	23.0	26.5	29.5	29.5	28.5	24.5	21.5
灰分(%,干基)	0.44	0.47	0.52	0.63	0.96	0.70	0.73	0.41
湿面筋(%,14%湿基)	32.8	28.5	31.5	32.5	31.7	41.6	31.2	33.5
面筋指数	63	66	59	57	62	50	60	61
面团								
吸水量(ml/100g)	62.7	60.0	64.2	58.7	59.1	63.1	60.6	60.2
形成时间(min)	3.3	2.8	2.5	3.3	2.8	3.7	2.5	4.5
稳定时间(min)	4.2	3.5	3.7	4.5	5.4	3.4	3.7	5.5
拉伸面积135(min)(cm^2)								
延伸性(mm)								
最大阻力(E.U)								
烘焙评价								
面包体积(ml)								
面包评分								
蒸煮评价								
面条评分	83.0			83.0	83.0			83.0

（续表）

样品编号	170309	170328	170331	170363	170368	170419	170454	170455
品种名称	鲁原 502	鲁原 502	鲁原 502	鲁原 502	鲁原 502	鲁原 502	鲁原 502	鲁原 502
达标类型	MG	MG	MG	MG	MG	MG	MG	MG
样品信息								
样品来源	山东高密	山东 牡丹区	山东齐河	山东高密	山东章丘	山东东明	山西冀城	山西冀城
种植面积(亩)	1430		107	300		50		
大户姓名	王翠芬	苏传刚	孙玉春	魏蒙	李堃	王子亭	安然	周林军
籽粒								
硬度指数	64	67	66	73	73	75	67	65
容重(g/L)	801	792	808	807	795	786	824	784
水分(%)	10.1	10.7	11.0	10.9	10.6	9.3	10.2	10.1
粗蛋白(%,干基)	14.9	13.8	14.4	14.4	12.6	14.7	13.2	13.3
降落数值(s)	362	404	392	410	416	424	345	420
面粉								
出粉率(%)	68	67	65	73.2	70.4	66.5	67	66
沉淀指数(ml)	29.5	25.5	25.0	32.0	23.0	30.3	33.5	23.5
灰分(%,干基)	0.47	0.77	0.86	0.45	0.48	0.42	0.45	0.59
湿面筋(%,14%湿基)	37.5	32.8	34.7	28.7	26.3	28.6	32.6	31.8
面筋指数	52	59	66	72	74	75	55	54
面团								
吸水量(ml/100g)	63.2	61.8	69.0	61.1	60.3	64.3	64.4	63.9
形成时间(min)	2.9	2.5	2.8	3.3	2.5	5.0	2.7	2.7
稳定时间(min)	2.8	5.3	3.0	3.3	3.1	5.5	2.9	3.1
拉伸面积135(min)(cm^2)								
延伸性(mm)								
最大阻力(E.U)								
烘焙评价								
面包体积(ml)								
面包评分								
蒸煮评价								
面条评分		83.0		81.0	81.0	81.0		

（续表）

样品编号	170022	170053	170164	170391	170405	170491	170012	170030
品种名称	鲁原 502	鲁原 502	鲁原 502	鲁原 502	鲁原 502	鲁原 502	轮选 103	轮选 103
达标类型	—	—	—	—	—	—	—	—
样品信息								
样品来源	山东牡丹区	河北河间	河北清河	山东东平	山东梁山	山东汶上	河北桃城区	河北任丘
种植面积(亩)	120	680	500	50	135	1500	70	1000
大户姓名	郭宪峰	尹廷谦	田国安	张加军	张保华	张虎	李金生	张亚军
籽粒								
硬度指数	67	65	63	76	74	66	63	61
容重(g/L)	790	828	790	748	775	762	805	829
水分(%)	11.3	10.1	10.3	11.0	9.7	10.9	11.0	9.0
粗蛋白(%,干基)	14.2	14.3	14.6	16.5	13.4	14.0	13.2	14.2
降落数值(s)	299	270	307	416	404	469	309	272
面粉								
出粉率(%)	67	62	69	70.9	67.5	69	70	70
沉淀指数(ml)	26.0	24.5	27.5	30.3	29.3	25.0	23.5	22.5
灰分(%,干基)	0.50	0.48	0.57	0.54	0.40	0.79	0.42	0.63
湿面筋(%,14%湿基)	33.5	31.8	33.8	31.1	26.3	32.1	29.7	31.1
面筋指数	58	43	51	68	82	70	50	46
面团								
吸水量(ml/100g)	61.6	58.8	60.4	63.2	63.3	62.6	55.4	59.8
形成时间(min)	3.8	2.2	2.7	7.2	6.2	3.2	2.0	2.7
稳定时间(min)	6.4	2.2	2.0	6.9	6.6	5.7	1.5	1.3
拉伸面积135(min)(cm^2)								
延伸性(mm)								
最大阻力(E.U)								
烘焙评价								
面包体积(ml)								
面包评分								
蒸煮评价								
面条评分	83.0			81.0	81.0	83.0		

（续表）

样品编号	170183	170009	170319	170243	2017CC054	2017CC162	170008	170172
品种名称	轮选 103	轮选 987	轮选 987	洛麦 23	漯麦 8 号	蒙麦 30	孟麦 023	孟麦 023
达标类型	—	—	—	—	MG	—	—	—
样品信息								
样品来源	河北赵县	河北文安	河北玉田	河南扶沟	陕西扶风	内蒙古克什克腾旗	河北孟州	河南社旗
种植面积(亩)	300	280	300	500	200	105	1200	1000
大户姓名	李素敏	李双臣	冯立田	姜振华	薛来锁	刘磊	毛永晓	唐道丽
籽粒								
硬度指数	64	65	66	51	62.4	40.4	65	62
容重(g/L)	816	763	814	821	781	806	810	801
水分(%)	9.8	9.8	10.9	11.4	9.8	11.2	10.4	12.0
粗蛋白(%,干基)	14.1	12.6	14.0	12.9	13.7	12.6	13.6	13.6
降落数值(s)	361	338	369	366	374	320	387	361
面粉								
出粉率(%)	68	68	69	60	60.5	62.4	65	65
沉淀指数(ml)	23.5	25.5	18.5	18.0	44.5	36.5	22.0	29.5
灰分(%,干基)	0.53	0.56	0.62	0.57	0.38	0.47	0.81	0.51
湿面筋(%,14%湿基)	33.0	29.4	34.7	31.0	31.2	26.4	31.8	29.4
面筋指数	58	56	17	41			47	76
面团								
吸水量(ml/100g)	58.6	57.3	57.1	56.1	58.5	57.3	56.5	55.5
形成时间(min)	3.7	2.7	1.9	1.5	4.8	3.0	2.0	6.4
稳定时间(min)	2.4	3.4	1.3	1.8	4.1	1.6	1.6	15.3
拉伸面积135(min)(cm^2)								113
延伸性(mm)								154
最大阻力(E.U)								621
烘焙评价								
面包体积(ml)								840
面包评分								82.5
蒸煮评价								
面条评分					79.0			

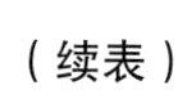
（续表）

样品编号	170007	2017CC063	2017CC062	2017CC072	2017CC100	2017CC112	2017CC122	2017CC111
品种名称	孟麦 028	绵麦 228	绵麦 367	绵麦 367	绵麦 367	绵麦 367	绵麦 367	绵麦 51
达标类型	—	—	—	—	—	—	—	—
样品信息								
样品来源	河北孟州	四川江油	四川江油	四川南部	四川中江	四川广汉	四川安州区	四川广汉
种植面积(亩)	1520	120	850	162	320	150	350	150
大户姓名	毛永晓	李大勇	李大勇	陈小林	范勇	黄昌满	张勇	黄昌满
籽粒								
硬度指数	62	55.6	53.4	49.1	37.2	50.9	43.2	52.3
容重(g/L)	787	781	785	733	791	763	728	767
水分(%)	10.8	10.2	11.4	9.9	10.6	12.7	14.3	11.6
粗蛋白(%,干基)	15.1	12.9	10.8	11.6	12.2	10.8	12.0	11.2
降落数值(s)	343	306	323	212	284	322	199	332
面粉								
出粉率(%)	67	61.0	58.9	64.8	60.7	64.5	67.0	69.5
沉淀指数(ml)	25.5	35.5	34.5	37.8	35.0	27.5	27.5	32.0
灰分(%,干基)	0.92	0.33	0.5	0.54	0.46	0.33	0.46	0.36
湿面筋(%,14%湿基)	36.7	27.5	19.1	19.5	23.3	20.3	23.3	22.7
面筋指数	56							
面团								
吸水量(ml/100g)	57.4	55.4	54.6	52.0	52.8	51.8	52.8	52.5
形成时间(min)	2.5	2.1	1.2	1.0	1.5	1.2	1.0	1.2
稳定时间(min)	2.0	2.2	1.3	0.9	5.8	1.2	2.4	2.9
拉伸面积135(min)(cm^2)								
延伸性(mm)								
最大阻力(E.U)								
烘焙评价								
面包体积(ml)								
面包评分								
蒸煮评价								
面条评分					83.0			

（续表）

样品编号	2017CC123	2017CC137	2017CC107	2017CC074	2017CC098	170380	170119	170235
品种名称	绵麦 51	绵阳 12	绵阳 31	南麦 618	南麦 618	南农 0686	宁麦 13	宁麦 13
达标类型	—	—	—	—	—	—	Z3/MS	MS
样品信息								
样品来源	四川安州区	四川雁江区	四川平昌	四川南部	四川仪陇	江苏射阳	江苏兴化	江苏高邮
种植面积(亩)	280	50	1.5	80	720	500	850	
大户姓名	张勇	黄红玉	吴翠芳	陈小林	彭帅	顾善凯	俞明生	朱三朝
籽粒								
硬度指数	43.5	58.0	49.5	57.3	54.6	77	63	64
容重(g/L)	735	794	769	779	749	840	804	809
水分(%)	8.5	11.4	12.4	9.8	9.9	11.3	11.5	12.2
粗蛋白(%,干基)	12.1	11.8	12.5	11.6	14.5	11.8	14.7	14.0
降落数值(s)	183	385	316	289	274	384	367	380
面粉								
出粉率(%)	65.4	61.4	70.5	67.5	63.1	66.8	68	66
沉淀指数(ml)	35.0	40.8	29.0	19.0	40.8	33.3	34.5	31.5
灰分(%,干基)	0.43	0.43	0.41	0.43	0.4	0.42	0.85	0.49
湿面筋(%,14%湿基)	23.6	24.9	24.8	24.2	30.7	23.0	33.4	32.1
面筋指数						92	74	73
面团								
吸水量(ml/100g)	53.5	59.1	53.8	56.0	54.9	61.6	56.4	57.4
形成时间(min)	1.3	3.5	5.2	1.3	3.8	1.7	4.5	5.5
稳定时间(min)	2.4	4.6	6.2	1.4	4.3	3.1	8.7	8.1
拉伸面积135(min)(cm^2)							111	84
延伸性(mm)							167	189
最大阻力(E.U)							536	361
烘焙评价								
面包体积(ml)								
面包评分								
蒸煮评价								
面条评分		83.0	81.0		84.0		86.0	86.0

（续表）

样品编号	170097	170126	170236	170130	170137	170282	170286	170340
品种名称	宁麦 13	宁麦 13	宁麦 13	宁麦 13	宁麦 13	宁麦 13	宁麦 13	宁麦 14
达标类型	MG	MG	MG	—	—	—	—	MG
样品信息								
样品来源	江苏高邮	江苏兴化	江苏高邮	江苏兴化	江苏高邮	江苏泰兴	江苏泰兴	江苏兴化
种植面积(亩)	260	200		100	518	650	2600	490
大户姓名	黄德宏	孙爱清	张长桃	曹九千	翁年新	曹永祥	徐国兵	汉良行
籽粒								
硬度指数	65	62	65	63	64	64	61	62
容重(g/L)	827	800	838	826	849	818	813	814
水分(%)	11.5	12.5	11.0	11.3	11.2	10.3	10.3	11.8
粗蛋白(%,干基)	12.8	14.6	12.9	12.5	14.2	11.0	11.8	13.8
降落数值(s)	362	355	360	326	372	378	342	378
面粉								
出粉率(%)	62	68	67	69	73	61	63	67
沉淀指数(ml)	28.0	31.5	31.0	28.0	28.5	25.5	26.5	30.0
灰分(%,干基)	0.59	0.62	0.48	0.53	0.58	0.52	0.40	0.70
湿面筋(%,14%湿基)	32.2	33.4	30.5	28.8	36.2	25.7	28.5	32.8
面筋指数	79	73	61	91	62	78	80	73
面团								
吸水量(ml/100g)	59.6	57.4	58.2	57.0	59.6	57.2	56.6	59.6
形成时间(min)	3.5	3.0	3.5	3.4	3.0	2.3	3.7	3.5
稳定时间(min)	3.9	4.2	4.5	6.1	2.3	5.4	5.0	3.3
拉伸面积135(min)(cm^2)								
延伸性(mm)								
最大阻力(E.U)								
烘焙评价								
面包体积(ml)								
面包评分								
蒸煮评价								
面条评分		86.0	86.0	86.0		86.0	86.0	

（续表）

样品编号	170341	170385	170261	170010	170366	170176	170288	170443
品种名称	宁麦 14	宁麦 14	泞麦 22	农大 212	农大 3432	农大 399	农大 399	农原 502
达标类型	—	—	—	—	—	—	—	MG
样品信息								
样品来源	江苏兴化	江苏如东	山东鄄城	河北文安	河北滦县	河北隆尧	河北高邑	山东梁山
种植面积(亩)	150	100	50	200	100	5	1550	116
大户姓名	赵小琴	缪明华	张法才	李双臣	陈文强	郭立华	冯俊杰	张保华
籽粒								
硬度指数	64	57	66	63	69	63	62	75
容重(g/L)	813	821	821	805	805	821	803	777
水分(%)	11.5	10.8	10.5	11.0	10.2	10.4	10.0	8.7
粗蛋白(%,干基)	11.9	11.7	14.2	15.3	16.0	11.9	14.4	13.7
降落数值(s)	372	374	343	315	249	242	230	404
面粉								
出粉率(%)	66	66.2	67	66	70.5	72	72	66.3
沉淀指数(ml)	24.0	17.3	28.5	19.5	27.3	25.0	25.5	29.5
灰分(%,干基)	0.47	0.45	0.44	0.76	0.39	0.43	0.39	0.42
湿面筋(%,14%湿基)	27.2	20.4	35.5	32.0	33.7	28.8	37.0	25.1
面筋指数	83	70	45	26	72	68	48	82
面团								
吸水量(ml/100g)	58.1	54.0	59.8	57.1	61.9	55.9	56.4	62.9
形成时间(min)	3.7	2.7	2.3	1.5	3.8	2.8	3.2	6.3
稳定时间(min)	5.3	2.6	2.4	0.8	2.8	2.8	4.6	5.6
拉伸面积135(min)(cm^2)								
延伸性(mm)								
最大阻力(E.U)								
烘焙评价								
面包体积(ml)								
面包评分								
蒸煮评价								
面条评分	86.0						84.0	

（续表）

样品编号	2017CC113	2017CC114	2017CC028	2017CC029	170466	170233	170338	170325
品种名称	潘列	潘列	秦鑫 106-5	秦鑫 271	青丰 1 号	青丰 1 号	青丰 1 号	青农 2 号
达标类型	—	—	—	MS	MS	MG	MG	MS
样品信息								
样品来源	甘肃武都	甘肃武都	陕西扶风	陕西扶风	山东平度	山东乳山	山东荣成	山东平度
种植面积(亩)	5	5	1000	3000	500	1320	300	880
大户姓名	杨沐周	余血才	张鹏	张鹏	侯元江	孙日仁	刘明超	侯松山
籽粒								
硬度指数	48.8	54.9	72.7	69.3	66	62	65	67
容重(g/L)	803	815	818	799	806	813	786	807
水分(%)	10.5	12.3	10.6	10.3	11.5	9.6	11.0	10.4
粗蛋白(%,干基)	10.4	11.9	13.7	14.2	13.9	15.0	14.7	13.2
降落数值(s)	301	326	295	337	368	370	401	378
面粉								
出粉率(%)	69.3	69.0	70.3	67.9	70	68	66	65
沉淀指数(ml)	29.5	31.0	45.0	39.5	35.5	38.5	36.0	28.5
灰分(%,干基)	0.55	0.53	0.46	0.59	0.79	0.45	0.41	0.39
湿面筋(%,14%湿基)	19.9	26.9	29.1	33.1	31.4	34.7	35.3	31.0
面筋指数					76	72	75	81
面团								
吸水量(ml/100g)	53.4	57.4	65.4	58.4	63.0	59.0	60.4	61.3
形成时间(min)	1.9	2.5	17.7	5.2	3.7	4.3	3.2	4.7
稳定时间(min)	1.8	2.3	23.5	10.5	6.9	5.2	3.7	7.5
拉伸面积135(min)(cm^2)			113	69				74
延伸性(mm)			173	154				142
最大阻力(E.U)			545	331				403
烘焙评价								
面包体积(ml)			820	800				
面包评分			82	77				
蒸煮评价								
面条评分			87.0	88.0	86.0	86.0		85.0

（续表）

样品编号	170289	170100	170224	170374	170394	170422	170429	170444
品种名称	山农 18	山农 20	山农 20	山农 20	山农 20	山农 20	山农 20	山农 20
达标类型	—	MG	MG	MG	MG	MG	MG	MG
样品信息								
样品来源	山东肥城	山东嘉祥	山西洪洞	山西新绛	山东嘉祥	山东宁阳	河南武陟	河南沁阳
种植面积(亩)	200	30	400	58	50	3000	1000	800
大户姓名	宗德刚	李伟华	焦全喜	晁贞良	郝高伟	张理明	朱启光	史文轩
籽粒								
硬度指数	72	66	65	73	76	73	72	75
容重(g/L)	790	819	810	801	798	811	796	798
水分(%)	10.2	11.4	10.6	10.4	11.1	9.4	9.1	9.2
粗蛋白(%,干基)	14.1	14.0	14.3	14.4	13.4	13.4	14.5	14.4
降落数值(s)	334	381	394	360	416	360	463	398
面粉								
出粉率(%)	61	67	66	70.1	70.3	72.4	71.3	69.2
沉淀指数(ml)	20.0	29.0	29.0	31.5	30.0	30.0	29.0	29.3
灰分(%,干基)	0.49	0.51	0.45	0.41	0.33	0.43	0.35	0.37
湿面筋(%,14%湿基)	28.8	32.2	36.6	30.2	28.0	29.4	28.5	27.1
面筋指数	62	63	48	58	82	68	61	72
面团								
吸水量(ml/100g)	62.7	61.7	60.0	62.4	61.4	64.2	62.6	62.7
形成时间(min)	2.8	3.2	2.5	3.2	3.8	3.5	3.5	3.2
稳定时间(min)	6.2	2.7	2.6	2.9	5.8	4.9	5.5	4.1
拉伸面积135(min)(cm^2)								
延伸性(mm)								
最大阻力(E.U)								
烘焙评价								
面包体积(ml)								
面包评分								
蒸煮评价								
面条评分	77.0							

（续表）

样品编号	170460	170480	170400	170426	170484	170315	170316	170051
品种名称	山农 20	山农 20	山农 20	山农 20	山农 20	山农 27	山农 28	山农 28
达标类型	MG	MG	—	—	—	—	MS	MG
样品信息								
样品来源	山东滨城区	山东惠民	山东曲阜	山东肥城	山东惠民	山东峄城区	山东峄城区	山东即墨
种植面积(亩)	450	5000	150	240	3000	280	280	150
大户姓名	李恒钊	程国富	张忠友	汪西军	钟昌伟	刘西允	刘西允	李君先
籽粒								
硬度指数	64	64	74	71	64	70	69	66
容重(g/L)	800	793	804	821	791	808	803	797
水分(%)	11.3	10.3	10.6	9.8	10.6	10.5	10.7	11.5
粗蛋白(%,干基)	14.1	14.6	15.1	15.1	12.5	14.1	14.1	16.8
降落数值(s)	414	389	398	250	295	293	378	379
面粉								
出粉率(%)	69	69	69.8	68.3	70	66	63	67
沉淀指数(ml)	30.5	28.0	33.3	48.0	25.5	25.0	23.0	30.0
灰分(%,干基)	0.41	0.53	0.46	0.34	0.47	0.81	0.44	0.96
湿面筋(%,14%湿基)	35.8	33.8	33.1	28.9	28.6	34.0	35.2	35.6
面筋指数	62	61	76	97	86	78	71	51
面团								
吸水量(ml/100g)	60.9	61.8	62.4	62.4	61.1	60.6	59.9	63.2
形成时间(min)	2.3	3.0	3.9	7.2	1.5	3.7	4.5	2.9
稳定时间(min)	2.6	3.2	11.5	10.4	3.9	6.3	6.9	4.3
拉伸面积135(min)(cm^2)			61	118				
延伸性(mm)			144	192				
最大阻力(E.U)			321	485				
烘焙评价								
面包体积(ml)			760	760				
面包评分			76.3	76.3				
蒸煮评价								
面条评分						85.0	84.0	84.0

（续表）

样品编号	170103	170141	170075	170067	170372	170446	170369	170493
品种名称	山农 28	山农 28	山农 28	山农 29	山农 29	山农 30	山农 302	山农 31
达标类型	MG	MG	—	MG	MG	MG	MG	MG
样品信息								
样品来源	山东嘉祥	山东即墨	山东临淄区	山西夏县	山西新绛	山东岱岳区	山东章丘	山东汶上
种植面积(亩)	35	202	100	20	40	60		1800
大户姓名	李伟华	吴希杰	傅庆岚	王利峰	晁贞良	庞慧	李堃	张虎
籽粒								
硬度指数	68	65	67	65	73	66	73	63
容重(g/L)	809	805	812	802	789	813	796	771
水分(%)	10.9	9.9	10.8	10.8	10.2	10.9	10.7	10.9
粗蛋白(%,干基)	14.3	16.1	13.4	14.1	13.9	14.5	12.4	15.1
降落数值(s)	326	342	298	333	372	310	410	325
面粉								
出粉率(%)	67	64	68	69	72.6	68	70.4	70
沉淀指数(ml)	23.5	30.5	26.0	25.5	33.0	25.0	25.0	31.0
灰分(%,干基)	0.55	0.61	0.89	0.41	0.40	0.91	0.46	0.70
湿面筋(%,14%湿基)	33.3	36.1	31.9	32.2	31.4	30.4	26.7	36.3
面筋指数	63	57	48	55	72	81	69	75
面团								
吸水量(ml/100g)	62.1	61.4	58.8	62.2	60.5	62.1	61.9	62.1
形成时间(min)	4.0	3.0	3.3	4.7	3.5	2.5	2.8	3.0
稳定时间(min)	3.9	4.7	3.2	4.0	5.2	4.4	3.7	4.2
拉伸面积135(min)(cm^2)								
延伸性(mm)								
最大阻力(E.U)								
烘焙评价								
面包体积(ml)								
面包评分								
蒸煮评价								
面条评分		84.0		80.0	82.0	83.0		82.0

（续表）

样品编号	170311	2017CC060	170114	170373	170013	170234	170035	170178
品种名称	山农 31	石冬 8 号	石麦 18	石麦 22	石麦 22	石麦 22	石农 086	石农 086
达标类型	—	MG	—	MG	—	—	MG	MG
样品信息								
样品来源	山东高密	新疆奇台	河北临西	山西新绛	河北景县	河北大城	河北南和	河北赵县
种植面积(亩)	1470	500	480	62	10000	300	200	50
大户姓名	王翠芬	朱家	曲俊旺	晁贞良	杜海营	郑国瑞	李献辉	范立涛
籽粒								
硬度指数	72	63.3	63	74	62	62	64	66
容重(g/L)	769	824	814	820	814	807	835	814
水分(%)	10.9	7.6	10.7	10.0	10.3	10.5	10.5	10.1
粗蛋白(%,干基)	16.2	14.0	12.5	14.2	14.7	14.1	14.8	14.0
降落数值(s)	410	336	384	378	245	300	348	362
面粉								
出粉率(%)	64	71.9	69	72.2	69	69	68	70
沉淀指数(ml)	34.5	38.0	19.5	30.0	16.5	16.5	28.0	23.5
灰分(%,干基)	0.80	0.57	0.46	0.46	0.66	0.74	0.72	0.60
湿面筋(%,14%湿基)	40.1	33.0	26.7	29.9	33.1	31.9	31.6	31.1
面筋指数	61		52	62	19	18	63	54
面团								
吸水量(ml/100g)	62.0	61.9	54.7	63.0	53.0	52.3	61.9	60.6
形成时间(min)	5.2	3.0	1.7	2.8	1.5	1.7	2.8	2.5
稳定时间(min)	8.3	2.5	1.2	2.8	0.9	1.1	3.0	2.9
拉伸面积135(min)(cm^2)	116							
延伸性(mm)	153							
最大阻力(E.U)	592							
烘焙评价								
面包体积(ml)								
面包评分								
蒸煮评价								
面条评分	82.0							

（续表）

样品编号	170244	170131	170184	170467	170140	170145	170179	170287
品种名称	石农 086	石农 086	石新 828	石新 828	石新 828	石新 828	石新 828	石新 828
达标类型	MG	—	MS	MS	MG	MG	MG	MG
样品信息								
样品来源	河北献县	河北景县	河北赵县	河北 高碑店	河北望都	河北望都	河北赵县	河北高邑
种植面积(亩)	10	2800		270	300	200	650	1700
大户姓名	周金川	张裴新	李素敏	王占良	孙振英	王卫柱	范立涛	赵少强
籽粒								
硬度指数	68	66	65	64	63	65	65	67
容重(g/L)	819	803	804	788	821	806	823	824
水分(%)	11.4	11.1	9.4	11.4	9.9	10.4	9.0	10.7
粗蛋白(%,干基)	14.2	13.6	14.6	15.8	13.8	12.5	13.4	14.3
降落数值(s)	406	384	403	430	372	350	331	362
面粉								
出粉率(%)	68	68	65	69	68	67	66	68
沉淀指数(ml)	25.0	22.0	30.0	34.0	30.5	23.0	27.0	31.0
灰分(%,干基)	0.64	0.53	0.42	0.43	0.69	0.63	0.40	0.56
湿面筋(%,14%湿基)	32.1	29.7	34.5	36.8	36.2	31.2	28.4	31.0
面筋指数	61	52	69	75	64	79	86	81
面团								
吸水量(ml/100g)	57.4	58.9	59.3	60.5	60.1	59.3	59.6	61.1
形成时间(min)	2.7	2.4	3.2	3.7	3.5	2.7	3.2	3.3
稳定时间(min)	3.0	2.3	6.4	6.3	3.5	3.1	4.1	4.2
拉伸面积135(min)(cm^2)								
延伸性(mm)								
最大阻力(E.U)								
烘焙评价								
面包体积(ml)								
面包评分								
蒸煮评价								
面条评分			88.0	88.0			88.0	88.0

（续表）

样品编号	170339	170359	2017CC106	170226	170388	170365	2017CC004	170152
品种名称	石新 828	石新 828	蜀麦 969	苏科麦 1 号	泰麦 198	唐麦 8 号	体隆 121	天民 198
达标类型	MG	MG	—	MG	MG	MG	—	—
样品信息								
样品来源	河北元氏	河北定兴	四川仁寿	江苏如东	山东岱岳	河北滦县	陕西三原	河南方城
种植面积(亩)		240	15	400	608	100	300	600
大户姓名	常雪敏	梁满仓	朱永明	王永生	薛丽娜	陈文强	田永新	刘本庆
籽粒								
硬度指数	65	72	44.9	53	76	69	71.6	53
容重(g/L)	817	820	790	813	791	814	796	829
水分(%)	10.0	10.6	10.6	11.4	10.8	10.0	9.3	11.4
粗蛋白(%,干基)	14.7	15.0	12.7	12.2	14.4	16.4	13.1	12.9
降落数值(s)	371	376	260	377	374	362	196	443
面粉								
出粉率(%)	67	71.9	65.3	65	71.0	70.9	65.7	62
沉淀指数(ml)	29.5	32.0	27.0	21.5	31.0	30.3	38.5	28.5
灰分(%,干基)	0.40	0.41	0.58	0.48	0.46	0.43	0.52	0.60
湿面筋(%,14%湿基)	34.1	31.5	27.7	26.8	27.7	34.1	29.5	26.4
面筋指数	83	77		64	73	74		85
面团								
吸水量(ml/100g)	61.3	60.9	55.4	53.3	59.7	61.9	64.3	50.4
形成时间(min)	3.0	3.2	3.2	1.7	1.8	4.0	2.0	5.8
稳定时间(min)	2.9	4.2	3.1	3.0	5.7	3.9	3.5	9.4
拉伸面积135(min)(cm^2)								97
延伸性(mm)								122
最大阻力(E.U)								617
烘焙评价								
面包体积(ml)								875
面包评分								86.4
蒸煮评价								
面条评分		83.0	76.0				78.0	

（续表）

样品编号	170276	170278	2017CC040	2017CC140	2017CC005	170301	170148	2017CC094
品种名称	天民 198	天民 198	天选 52	天选 54	铜麦 6 号	温麦 28	汶农 14	西安 240
达标类型	—	—	—	—	MG	—	—	—
样品信息								
样品来源	河南新野	河南唐河	甘肃秦州区	甘肃徽县	陕西长武	河南平舆	山西新绛	陕西长安区
种植面积(亩)	100	1398	400	20	200	500	330	
大户姓名	赵霞	乔振群	马乘	袁树旺	李海成	徐永生	南青太	薛强
籽粒								
硬度指数	51	50	65.4	55.0	68.5	60	65	64.5
容重(g/L)	787	821	820	813	799	799	808	794
水分(%)	10.9	10.1	11.4	14.5	10.7	10.8	9.5	7.3
粗蛋白(%,干基)	14.5	13.0	12.2	13.6	12.6	12.8	13.1	14.0
降落数值(s)	375	362	370	258	345	360	327	336
面粉								
出粉率(%)	62	63	71.5	67.8	62.6	64	67	72.1
沉淀指数(ml)	26.5	39.0	30.0	23.3	35.8	26.5	27.0	27.3
灰分(%,干基)	0.80	0.39	0.39	0.37	0.39	0.45	0.39	0.47
湿面筋(%,14%湿基)	39.1	26.3	27.7	30.6	30.4	29.6	27.9	30.6
面筋指数	55	97				76	45	
面团								
吸水量(ml/100g)	57.1	54.6	58.4	61.3	63.2	55.4	58.9	59.5
形成时间(min)	2.4	2.0	2.2	2.7	3.8	4.5	2.5	3.3
稳定时间(min)	2.4	20.6	1.3	1.9	3.3	6.4	2.4	2.0
拉伸面积135(min)(cm^2)		122						
延伸性(mm)		135						
最大阻力(E.U)		712						
烘焙评价								
面包体积(ml)		875						
面包评分		86.4						
蒸煮评价								
面条评分					79.0	86.0		

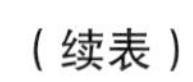

（续表）

样品编号	2017CC030	170223	170062	170409	170353	170432	2017CC019	2017CC031
品种名称	西农 1018	西农 583	西农 585	西农 585	先麦 12	先麦 8 号	小偃 22	小偃 22
达标类型	—	MG	Z2	—	MG	MG	MG	—
样品信息								
样品来源	陕西凤翔	湖北枣阳	河南正阳	湖北襄州区	河南邓州	湖北枣阳	陕西眉县	安徽凤翔
种植面积(亩)	3000	97	500		100	78	15	
大户姓名	张鹏	汪愉快	黄磊	周根旺	郭春生	汪愉快	王宗贤	彭亚明
籽粒								
硬度指数	69.7	68	71	74	73	75	69.1	69.3
容重(g/L)	800	827	804	790	810	821	774	737
水分(%)	9.0	10.9	11.5	9.7	11.3	9.3	8.5	8.1
粗蛋白(%,干基)	12.9	13.6	13.1	12.6	13.8	13.7	14.4	16.1
降落数值(s)	390	340	357	380	529	355	416	237
面粉								
出粉率(%)	68.6	67	67	66.6	72.4	67.3	66.0	70.9
沉淀指数(ml)	26.3	25.0	31.0	35.0	27.3	32.0	21.5	37.5
灰分(%,干基)	0.45	0.46	0.44	0.45	0.48	0.39	0.47	0.44
湿面筋(%,14%湿基)	26.6	33.6	30.6	26.3	25.5	28.3	31.9	36.3
面筋指数		55	85	99	80	89		
面团								
吸水量(ml/100g)	62.6	59.3	63.7	61.6	59.3	63.2	61.0	63.8
形成时间(min)	2.0	3.2	4.5	1.8	1.7	3.7	3.9	4.7
稳定时间(min)	1.6	3.4	12.4	2.4	4.7	4.4	3.3	3.1
拉伸面积135(min)(cm^2)			142					
延伸性(mm)			151					
最大阻力(E.U)			734					
烘焙评价								
面包体积(ml)			845					
面包评分			85.4					
蒸煮评价								
面条评分					78.0	84.0	84.0	85.0

（续表）

样品编号	2017CC038	2017CC052	2017CC092	2017CC186	2017CC109	2017CC076	2017CC077	2017CC069
品种名称	小偃 22	小偃 22	小偃 22	新春 35	新春 37	新冬 17	新冬 20	新冬 33
达标类型	—	—	—	—	MG	MG	MG	MG
样品信息								
样品来源	陕西眉县	陕西扶风	陕西陈仓区	内蒙古科右中旗	新疆木垒	新疆昌吉	新疆叶城	新疆呼图壁
种植面积(亩)		300	100	2400	3500	200	300	1500
大户姓名	雷文妮	薛来锁	魏波	包银泉	俞天锦	刘雪山	温俊生	祝建
籽粒								
硬度指数	67.8	71.0	72.2	57.9	63.3	65.3	64.5	64.1
容重(g/L)	760	738	760	783	836	835	821	827
水分(%)	8.3	9.2	10.1	11.3	10.5	7.7	9.0	7.5
粗蛋白(%,干基)	14.6	15.3	14.6	15.6	14.3	14.4	15.5	13.9
降落数值(s)	374	174	342	188	313	420	467	422
面粉								
出粉率(%)	73.3	70.4	70.4	71.0	71.3	72.9	71.7	66.5
沉淀指数(ml)	31.0	36.5	20.0	35.5	29.5	31.5	29.5	31.0
灰分(%,干基)	0.43	0.43	0.52	0.43	0.37	0.37	0.37	0.51
湿面筋(%,14%湿基)	32.6	35.5	33.7	32.8	30.1	33.8	35.8	33.2
面筋指数								
面团								
吸水量(ml/100g)	61.0	63.3	62.9	64.4	57.8	60.5	62.5	63.1
形成时间(min)	3.5	3.5	3.8	3.9	3.5	3.2	3.2	3.7
稳定时间(min)	2.4	2.1	3.5	2.8	2.9	4.0	3.4	3.7
拉伸面积135(min)(cm^2)								
延伸性(mm)								
最大阻力(E.U)								
烘焙评价								
面包体积(ml)								
面包评分								
蒸煮评价								
面条评分						84.0	84.0	

（续表）

样品编号	170082	170092	170273	170452	170225	170146	170160	170345
品种名称	鑫麦 296	鑫麦 296	鑫麦 296	鑫麦 296	鑫麦 296	鑫麦 296	刑麦 4 号	徐麦 33
达标类型	MG	MG	MG	MG	—	—	MG	—
样品信息								
样品来源	河北盐山	山西襄汾	山东成武	山西曲沃	山西洪洞	山西新绛	河北阜城	江苏睢宁
种植面积(亩)	10	320	30	280	160	500	100	1000
大户姓名	邢俊珍	翟战备	张希龙	张世杰	刘林虎	南青太	刘锡泉	张宏杰
籽粒								
硬度指数	65	66	66	64	63	64	67	67
容重(g/L)	822	820	817	825	789	809	797	799
水分(%)	10.7	11.4	10.1	10.2	9.7	10.0	10.8	11.6
粗蛋白(%,干基)	14.7	15.0	14.0	13.8	16.1	15.2	14.3	10.8
降落数值(s)	346	355	395	352	222	183	370	395
面粉								
出粉率(%)	66	63	68	66	63	66	68	64
沉淀指数(ml)	25.5	34.5	30.5	32.5	33.5	36.0	25.5	17.0
灰分(%,干基)	0.88	0.59	0.39	0.40	0.61	0.42	0.61	0.62
湿面筋(%,14%湿基)	33.0	30.4	33.7	33.6	38.4	35.5	33.7	19.7
面筋指数	52	83	46	73	53	64	50	68
面团								
吸水量(ml/100g)	58.3	61.4	60.0	61.4	63.8	62.8	60.5	53.9
形成时间(min)	2.7	3.8	3.0	2.5	2.7	2.9	2.7	1.3
稳定时间(min)	3.2	4.2	4.5	2.9	2.5	2.7	4.2	3.8
拉伸面积135(min)(cm^2)								
延伸性(mm)								
最大阻力(E.U)								
烘焙评价								
面包体积(ml)								
面包评分								
蒸煮评价								
面条评分		84.0	84.0				82.0	

（续表）

样品编号	170195	170307	170219	170355	170357	170135	170134	170136
品种名称	徐麦 35	烟 0428	烟农 1212	烟农 15	烟农 999	扬辐麦 4 号	扬辐麦 4 号	扬辐麦 4 号
达标类型	MG	MG	MG	MG	MS	MS	MG	MG
样品信息								
样品来源	河南滑县	山东海阳	山东莱州	山东安丘	山东安丘	江苏高邮	江苏高邮	江苏高邮
种植面积(亩)	1350	50	10	750	300	102	155	220
大户姓名	杜焕永	姜学	唐卫杰	逄作棋	李致富	卢小春	翁连栋	吴福星
籽粒								
硬度指数	68	45	49	61	63	56	54	52
容重(g/L)	805	826	828	820	810	810	799	823
水分(%)	9.6	10.0	11.1	10.8	10.9	12.2	11.9	10.7
粗蛋白(%,干基)	13.9	13.0	14.3	17.1	14.9	13.1	14.9	13.3
降落数值(s)	403	328	345	364	397	339	335	360
面粉								
出粉率(%)	67	65	66	67.8	68.0	61	65	68
沉淀指数(ml)	24.5	30.0	28.5	33.3	33.0	21.5	25.5	22.5
灰分(%,干基)	0.57	0.80	0.46	0.40	0.43	0.75	0.49	0.40
湿面筋(%,14%湿基)	32.3	30.7	31.7	36.2	30.0	28.6	33.4	29.4
面筋指数	62	74	63	66	85	68	60	71
面团								
吸水量(ml/100g)	57.9	53.1	56.6	57.8	57.8	53.0	53.9	52.0
形成时间(min)	3.2	3.0	2.8	2.7	4.5	2.2	2.2	1.8
稳定时间(min)	3.8	4.0	4.1	3.8	6.5	6.0	2.6	3.0
拉伸面积135(min)(cm^2)					70			
延伸性(mm)					159			
最大阻力(E.U)					313			
烘焙评价								
面包体积(ml)								
面包评分								
蒸煮评价								
面条评分		86.0	85.0		85.0	82.0		

（续表）

样品编号	170188	170189	170190	170191	170187	170169	170041	170044
品种名称	扬辐麦4号	扬辐麦4号	扬辐麦4号	扬辐麦4号	扬辐麦4号	扬麦 13	扬麦 15	扬麦 15
达标类型	MG	MG	MG	MG	—	—	MG	MG
样品信息								
样品来源	江苏金坛	江苏金坛	江苏金坛	江苏金坛	江苏金坛	江苏如东	江苏如皋	江苏如皋
种植面积(亩)						185	1500	1500
大户姓名	李连青	黄青海	刘冬青	戴祥华	武志明	邵建东	毛镇江	毛镇江
籽粒								
硬度指数	53	50	55	54	47	65	48	46
容重(g/L)	795	788	805	820	781	796	813	820
水分(%)	10.0	10.9	11.2	11.0	11.6	10.9	11.5	10.4
粗蛋白(%,干基)	13.5	12.7	13.7	13.3	10.6	11.1	12.3	12.1
降落数值(s)	350	341	362	355	335	402	326	331
面粉								
出粉率(%)	66	66	64	66	64	68	67	66
沉淀指数(ml)	24.0	21.5	25.0	24.5	16.5	22.0	21.5	21.5
灰分(%,干基)	0.40	0.44	0.83	0.39	0.68	0.94	0.44	0.57
湿面筋(%,14%湿基)	31.0	29.3	31.9	31.5	23.3	25.3	26.8	27.0
面筋指数	65	70	70	71	73	78	71	75
面团								
吸水量(ml/100g)	54.0	51.9	54.0	52.8	49.8	56.7	51.4	51.4
形成时间(min)	2.3	1.5	2.0	1.9	1.4	1.8	1.5	3.7
稳定时间(min)	3.1	3.0	3.7	3.6	5.4	4.9	3.2	5.2
拉伸面积135(min)(cm^2)								
延伸性(mm)								
最大阻力(E.U)								
烘焙评价								
面包体积(ml)								
面包评分								
蒸煮评价								
面条评分					82.0	82.0		83.0

（续表）

样品编号	170384	170129	170283	170285	170016	170028	170159	170177
品种名称	扬麦 16	扬麦 22	扬麦 22	扬麦 22	婴泊 700	婴泊 700	婴泊 700	婴泊 700
达标类型	MG	Z3/MS	—	—	MG	MG	MG	MG
样品信息								
样品来源	江苏如东	江苏兴化	江苏泰兴	江苏泰兴	河北新河	河北博野	河北阜城	河北隆尧
种植面积(亩)	120	75	256	162	15	202	700	4
大户姓名	管瑞华	曹九千	吕友	殷建文	杨占涛	马伏雨	多国元	郭立华
籽粒								
硬度指数	71	57	55	59	63	66	62	65
容重(g/L)	819	822	795	822	823	795	820	786
水分(%)	10.6	12.1	10.4	10.9	9.6	10.3	9.1	9.9
粗蛋白(%,干基)	12.4	15.2	11.5	11.3	14.3	12.6	15.0	14.7
降落数值(s)	406	385	279	279	390	345	347	402
面粉								
出粉率(%)	72.6	65	64	63	69	67	66	69
沉淀指数(ml)	33.0	34.5	19.0	20.5	29.0	25.5	30.5	29.5
灰分(%,干基)	0.46	0.42	0.59	0.52	0.73	0.83	0.40	0.43
湿面筋(%,14%湿基)	25.9	32.1	27.7	26.4	33.5	29.7	36.1	33.1
面筋指数	77	90	71	87	50	65	50	60
面团								
吸水量(ml/100g)	59.4	51.6	53.4	55.3	61.8	59.7	62.1	60.3
形成时间(min)	4.2	2.0	1.5	2.0	2.5	3.0	2.8	3.7
稳定时间(min)	4.9	8.6	2.4	3.5	2.5	3.2	3.1	3.8
拉伸面积135(min)(cm^2)		93						
延伸性(mm)		155						
最大阻力(E.U)		462						
烘焙评价								
面包体积(ml)								
面包评分								
蒸煮评价								
面条评分	78.0	82.0						

（续表）

样品编号	170327	170361	170257	2017CC046	170280	170470	170490	2017CC065
品种名称	婴泊 700	婴泊 700	婴泊 700	永春 30	豫麦 49-198	运旱 20410	运旱 20410	运旱 22-33
达标类型	MG	MG	—	—	—	MG	MG	—
样品信息								
样品来源	河北元氏	河北新河	河北栾城区	新疆塔城	河南宜阳	山西汾西	山西浮山	甘肃泾川
种植面积(亩)			920	500	20	80	50	32
大户姓名	刘东来	王跃强	武素省	禅杰善	李忠信	庞华伟	贾金平	童泽辉
籽粒								
硬度指数	69	75	68	66.7	49	63	59	69.5
容重(g/L)	830	808	813	830	792	782	791	735
水分(%)	11.4	10.5	10.7	6.9	10.2	10.4	10.5	10.7
粗蛋白(%,干基)	12.6	13.7	13.8	13.8	13.8	14.0	15.9	14.8
降落数值(s)	375	424	451	240	379	333	344	363
面粉								
出粉率(%)	68	72.4	65	68.2	63	69	67	71.9
沉淀指数(ml)	22.5	27.8	29.5	28.5	26.5	35.5	44.0	31.0
灰分(%,干基)	0.46	0.48	0.53	0.35	0.45	0.43	0.49	0.44
湿面筋(%,14%湿基)	32.0	29.6	27.0	30.5	33.2	31.7	36.5	33.9
面筋指数	60	73	86		64	68	61	
面团								
吸水量(ml/100g)	61.9	62.5	58.3	57.7	54.3	60.8	60.6	64.4
形成时间(min)	2.8	2.8	2.0	2.5	2.4	2.8	3.2	3.9
稳定时间(min)	2.8	3.4	11.6	6.7	2.4	3.1	2.6	2.4
拉伸面积135(min)(cm^2)			77					
延伸性(mm)			108					
最大阻力(E.U)			541					
烘焙评价								
面包体积(ml)			760					
面包评分			71.3					
蒸煮评价								
面条评分			82.0					

（续表）

样品编号	170378	2017CC066	2017CC093	170321	170155	170065	170250	170251
品种名称	长 6878	长城 1 号	长丰 2112	镇麦 10	镇麦 168	郑麦 101	郑麦 101	郑麦 101
达标类型	MG	—	MG	—	—	MS	—	—
样品信息								
样品来源	山西泽州	甘肃泾川	陕西长安区	江苏如东	江苏如东	河南延津	湖北宜城	湖北宜城
种植面积(亩)	650	10		480	110	320	35	45
大户姓名	樊宁宁	魏玉良	薛强	王勇	葛海燕	郭卫华	曾庆益	张军
籽粒								
硬度指数	71	70.5	66.6	54	68	65	73	72
容重(g/L)	814	754	834	818	807	813	808	808
水分(%)	10.8	9.5	7.5	11.1	11.2	11.1	11.2	11.1
粗蛋白(%,干基)	15.7	14.7	13.7	11.4	11.0	13.3	11.1	10.7
降落数值(s)	312	397	304	339	362	404	345	357
面粉								
出粉率(%)	72.6	72.7	70.1	63	66	70	63	63
沉淀指数(ml)	34.3	29.5	35.0	24.5	27.0	31.5	30.0	26.5
灰分(%,干基)	0.39	0.49	0.57	0.70	0.58	0.41	0.40	0.40
湿面筋(%,14%湿基)	32.0	32.5	30.7	27.0	24.0	31.8	19.7	20.2
面筋指数	51			84	86	56	98	98
面团								
吸水量(ml/100g)	63.5	62.3	62.3	53.9	60.1	56.6	60.3	61.4
形成时间(min)	3.3	3.2	4.5	1.7	1.9	3.3	1.4	1.7
稳定时间(min)	3.7	4.5	4.5	3.8	2.7	6.6	1.3	1.5
拉伸面积135(min)(cm^2)								
延伸性(mm)								
最大阻力(E.U)								
烘焙评价								
面包体积(ml)								
面包评分								
蒸煮评价								
面条评分			86.0			87.0		

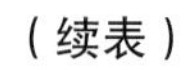
（续表）

样品编号	170265	170245	170246	170417	2017CC097	170199	2017CC033	170318
品种名称	郑麦 101	郑麦 113	郑麦 136	郑麦 170	中科麦 138	中麦 175	中麦 175	中麦 415
达标类型	—	—	MS	—	—	MG	MG	MG
样品信息								
样品来源	河南邓州	河南延津	河南延津	湖北襄州区	四川渠县	河南孟津	甘肃清水	河北玉田
种植面积(亩)	40	50	50	100	253.2	500	40	200
大户姓名	张朝合	闫喜战	闫喜战	马兴柱	李武	王新强	高保生	冯立田
籽粒								
硬度指数	63	54	68	71	47.1	40	45.4	65
容重(g/L)	826	826	827	816	779	802	826	804
水分(%)	10.8	11.1	11.7	9.9	10.0	9.0	11.9	10.6
粗蛋白(%,干基)	12.4	14.6	15.4	11.5	11.0	15.0	14.1	12.8
降落数值(s)	386	367	406	408	278	343	324	363
面粉								
出粉率(%)	63	60	68	74.8	66.7	69	66.7	65
沉淀指数(ml)	28.5	25.0	23.5	33.0	24.8	30.0	22.5	22.0
灰分(%,干基)	0.41	0.39	0.52	0.46	0.44	0.42	0.52	0.44
湿面筋(%,14%湿基)	26.7	32.6	29.4	22.9	22.3	33.1	28.5	29.9
面筋指数	92	46	58	90		59		64
面团								
吸水量(ml/100g)	58.1	54.3	54.0	60.8	52.6	50.9	50.0	59.1
形成时间(min)	1.9	2.0	4.2	1.7	1.2	2.4	2.5	3.5
稳定时间(min)	12.5	2.1	9.1	3.5	1.5	3.0	4.0	4.8
拉伸面积135(min)(cm^2)	105		49					
延伸性(mm)	128		91					
最大阻力(E.U)	625		391					
烘焙评价								
面包体积(ml)	785							
面包评分	73.4							
蒸煮评价								
面条评分	87.0		85.0				84.0	84.0

（续表）

样品编号	2017CC021	170198	170266	170181	170279	170332	170231	170478
品种名称	中麦 895	中麦 895	众麦 2 号	周麦 16	周麦 22	周麦 28	周麦 28	周麦 28
达标类型	MG	—	MG	—	—	MS	MG	MG
样品信息								
样品来源	陕西眉县	河南孟津	河南邓州	河南武陟	河南宜阳	河南项城	河南郸城	河南商水
种植面积(亩)	5	100	25	600	100	300	896	500
大户姓名	李宗科	王新强	郑朝印	古美安	陈孝林	付尺枪	于培康	徐艳红
籽粒								
硬度指数	64.6	57	62	62	58	66	64	62
容重(g/L)	813	765	802	764	817	810	812	773
水分(%)	8.2	10.5	10.6	9.6	10.1	11.5	11.6	11.4
粗蛋白(%,干基)	13.0	15.1	14.3	13.8	14.2	14.1	13.6	13.7
降落数值(s)	439	251	397	266	397	414	376	413
面粉								
出粉率(%)	59.3	67	66	68	66	63	68	71
沉淀指数(ml)	37.0	30.5	33.5	26.5	25.5	29.5	24.5	24.5
灰分(%,干基)	0.41	0.70	0.39	0.42	0.45	0.56	0.46	0.56
湿面筋(%,14%湿基)	28.9	35.1	35.2	30.9	37.0	33.8	32.3	36.2
面筋指数		65	61	62	42	68	62	59
面团								
吸水量(ml/100g)	60.9	56.3	58.0	57.0	59.9	61.6	54.1	57.6
形成时间(min)	3.8	4.0	4.2	2.9	2.4	4.2	3.2	3.0
稳定时间(min)	3.6	3.7	5.5	3.8	1.7	8.6	2.7	2.8
拉伸面积135(min)(cm^2)						61		
延伸性(mm)						142		
最大阻力(E.U)						311		
烘焙评价								
面包体积(ml)								
面包评分								
蒸煮评价								
面条评分	78.0		84.0			80.0		

（续表）

样品编号	170402	170475	170476	170264
品种名称	周麦 28	周麦 28	周麦 28	周麦 30
达标类型	—	—	—	MG
样品信息				
样品来源	河南太康	河南商水	河南商水	河南项城
种植面积(亩)	260	1000	800	120
大户姓名	王全恩	张明明	张留群	年国福
籽粒				
硬度指数	69	61	59	62
容重(g/L)	844	760	755	786
水分(%)	10.1	11.6	10.9	10.0
粗蛋白(%,干基)	14.7	15.5	14.5	16.5
降落数值(s)	404	227	305	368
面粉				
出粉率(%)	74.4	69	69	67
沉淀指数(ml)	39.3	24.0	23.5	38.5
灰分(%,干基)	0.37	0.90	0.87	0.60
湿面筋(%,14%湿基)	25.3	38.3	35.5	39.1
面筋指数	98	56	51	52
面团				
吸水量(ml/100g)	58.1	58.7	58.3	60.5
形成时间(min)	11.0	3.0	2.4	4.3
稳定时间(min)	21.0	1.9	1.7	5.0
拉伸面积135(min)(cm^2)	93			
延伸性(mm)	134			
最大阻力(E.U)	544			
烘焙评价				
面包体积(ml)	750			
面包评分	76.0			
蒸煮评价				
面条评分				78.0

5 附录

5.1 面条制作和面条评分

称取 200g 面粉于和面机中，启动和面机低速转动（132 rpm），在 30s 内均匀加入计算好的水量［每百克面粉（以 14%湿基计）水分含量 30% ±2%］，继续搅拌 30s，然后高速（290 rpm）搅拌 2min，再低速搅拌 2 min。把和好的颗粒粉团倒入保湿盒或保湿袋中，于室温醒面 30 min。制面机（OHTAKE-150 型）轧距为 2 mm，直轧粉团 1 次、三折 2 次、对折 1 次；轧距为 3.5mm，对折直轧 1 次，轧距为 3mm、2.5mm、2mm 和 1.5mm 分别直轧 1 次，最后调节轧距，使切成的面条宽为 2.0mm，厚度 1.25mm ± 0.02mm。称取一定量鲜切面条（一般 100g 可满足 5 人的品尝量），放入沸水锅内，计时 4min，将面条捞出，冷水浸泡 30s 捞出。面条评价由 5 位人员品尝打分，评分方法见面条评分方法（表 5-1）。

表 5-1　面条评分方法

色泽 20 分		表面状况 10 分		硬度 10 分		黏弹性 30 分		光滑性 20 分		食味 10 分	
亮白、亮黄	17~20	结构细密，光滑	8~10	软硬适中	8~10	不黏牙，弹性好	27~30	爽口，光滑	17~20	具有麦香味	8~10
亮度一般	15~16	结构一般	7	稍软或硬	7	稍黏牙，弹性稍差	24~26	较爽口，光滑	15~16	基本无异味	7
亮度差	12~14	结构粗糙，膨胀，变形	6	太软或硬	6	黏牙，无弹性	21~23	不爽口，光滑差	12~14	有异味	6

5.2 关于郑州商品交易所期货用优质强筋小麦

郑州商品交易所期货用优质强筋小麦交割标准，如表 5-2 所示。

表 5-2　郑州商品交易所期货用优质强筋小麦交割标准

项　目				指　标		
				一　等	二　等	基准品
籽粒	容重（g/L）		≥		770	
	水分（%）		≤		13.5	
	不完善粒（%）		≤		12.0	
	杂质（%）	总量	≤		1.5	
		矿物质	≤		0.5	
	降落数值（s）		≥		300, 500	
	色泽、气味				正常	
小麦粉	湿面筋（14% 水分基）（%）		≥		30.0	
	拉伸面积（135min）（cm^2）		≥	120	100	90
	面团稳定时间（min）		≥	16.0	12.0	8.0

5.3 关于中强筋小麦和中筋小麦

《2017 年中国小麦质量报告》中强筋小麦和中筋小麦分析，如表 5-3 所示。

表 5-3 中强筋小麦、中筋小麦（本报告标准）

项目		类型	
		中强筋小麦	中筋小麦
籽粒	容重（g/L）	≥ 770	
	降落数值（s）	≥ 300	
小麦粉	粗蛋白质（干基）（%）	≥ 13.0	≥ 12.0
	湿面筋（14% 水分基）（%）	≥ 28.0	≥ 25.0
	面团稳定时间（min）	≥ 6.0	< 6.0，≥ 2.5
	蒸煮品质评分值	≥ 80（面条）	≥ 80（馒头）

6 参考文献

中华人民共和国国家标准局 . 1982. 中华人民共和国农业行业标准：NY/T 3—1982. 谷物、豆类作物种子粗蛋白质测定法（半微量凯氏法）[S]. 北京：中国农业出版社 .

中华人民共和国国家粮食局 . 1995. 中华人民共和国粮食行业标准：LS/T 6102—1995 . 小麦粉湿面筋质量测定法—面筋指数法 [S]. 北京：中国标准出版社 .

中华人民共和国农业部 . 2006. 中华人民共和国农业行业标准：NY/T 1094.2—2006. 小麦实验制粉 第 2 部分：布勒氏法 用于硬麦 [S]. 北京：中国农业出版社 .

中华人民共和国农业部 . 2006. 中华人民共和国农业行业标准：NY/T 1094.4—2006. 小麦实验制粉 第 4 部分：布勒氏法 用于软麦统粉 [S]. 北京：中国农业出版社 .

中华人民共和国国家卫生和计划生育委员会 . 2016. 中华人民共和国国家标准：GB 5009.4—2016. 食品安全国家标准 食品中灰分的测定 [S]. 北京：中国标准出版社 .

中华人民共和国国家卫生和计划生育委员会 . 2016. 中华人民共和国国家标准：GB 5009.3—2016. 食品安全国家标准 食品中水分的测定 [S]. 北京：中国标准出版社 .

中华人民共和国国家质量监督检验检疫总局 . 1999. 中华人民共和国国家标准：GB/T 17892—1999. 优质小麦—强筋小麦 [S]. 北京：中国标准出版社 .

中华人民共和国国家质量监督检验检疫总局 . 1999. 中华人民共和国国家标准：GB/T 17893—1999. 优质小麦—弱筋小麦 [S]. 北京：中国标准出版社 .

中华人民共和国国家质量监督检验检疫总局 . 2006. 中华人民共和国国家标准：GB/T 14615—2006. 小麦粉 面团的物理特性 流变学特性测定 拉伸仪法 [S]. 北京：中国标准出版社 .

中华人民共和国国家质量监督检验检疫总局 . 2006. 中华人民共和国国家标准：GB/T 14614—2006. 小麦粉 面团的物理特性 吸水量和流变学特性的测定 粉质仪法 [S]. 北京：中国标准出版社 .

中华人民共和国国家质量监督检验检疫总局 . 2007. 中华人民共和国国家标准：GB/T 21119—2007. 小麦 沉淀指数测定 Zeleny 试验 [S]. 北京：中国标准出版社 .

中华人民共和国国家质量监督检验检疫总局 . 2007. 中华人民共和国国家标准：GB/T 21304—2007. 小麦硬度测定 硬度指数法 [S]. 北京：中国标准出版社 .

中华人民共和国国家质量监督检验检疫总局 . 2008. 中华人民共和国国家标准：GB/T 10361—2008. 谷物降落数值测定法 [S]. 北京：中国标准出版社 .

中华人民共和国国家质量监督检验检疫总局 . 2008. 中华人民共和国国家标准：GB/T 14611—2008. 小麦粉面包烘焙品质试验 直接发酵法 [S]. 北京：中国标准出版社 .

中华人民共和国国家质量监督检验检疫总局 . 2008. 中华人民共和国国家标准：GB/T 5506.2—2008. 小麦和小麦粉 面筋含量 第 2 部分：仪器法测定湿面筋 [S]. 北京：中国标准出版社 .

中华人民共和国国家质量监督检验检疫总局 . 2013. 中华人民共和国国家标准：GB/T 5498—2013. 粮食、油料检验 容重测定法 [S]. 北京：中国标准出版社 .